U0755760

高等法律职业教育系列教材
审定委员会

主　　任　　万安中

副主任　　王　亮

委　　员　　陈碧红　刘　洁　刘晓晖　陈晓明

　　　　　　刘树桥　周静茹　陆俊松　王　莉

　　　　　　杨旭军　黄惠萍

高等法律职业教育系列教材

操作系统实用教程

CAOZUO XITONG SHIYONG JIAOCHENG

主　编 ○ 许学添　黄少荣

副主编 ○ 李玲俐　李俊磊　万晓辉

撰稿人 ○ 许学添　黄少荣　李玲俐

　　　　李俊磊　万晓辉　陈　丹

　　　　陈丽仪　邹同浩　赖河蒗

 中国政法大学出版社

2022·北京

声　明　　1. 版权所有，侵权必究。

　　　　　　2. 如有缺页、倒装问题，由出版社负责退换。

图书在版编目（ＣＩＰ）数据

操作系统实用教程/许学添，黄少荣主编.—北京：中国政法大学出版社，2022.5
ISBN 978-7-5764-0261-2

Ⅰ.①操…　Ⅱ.①许…②黄…　Ⅲ.①操作系统－高等学校－教材　Ⅳ.①TP316

中国版本图书馆CIP数据核字(2022)第065377号

出　版　者　　中国政法大学出版社

地　　　址　　北京市海淀区西土城路 25 号

邮　　　箱　　fadapress@163.com

网　　　址　　http://www.cuplpress.com (网络实名：中国政法大学出版社)

电　　　话　　010-58908435(第一编辑部) 58908334(邮购部)

承　　　印　　固安华明印业有限公司

开　　　本　　787mm×1092mm　1/16

印　　　张　　13.75

字　　　数　　285 千字

版　　　次　　2022 年 5 月第 1 版

印　　　次　　2022 年 5 月第 1 次印刷

印　　　数　　1~3000 册

定　　　价　　43.00 元

总 序
Preface

    高等法律职业化教育已成为社会的广泛共识。2008 年，由中央政法委等 15 部委联合启动的全国政法干警招录体制改革试点工作，更成为中国法律职业化教育发展的里程碑。这也必将带来高等法律职业教育人才培养机制的深层次变革。顺应时代法治发展需要，培养高素质、技能型的法律职业人才，是高等法律职业教育亟待破解的重大实践课题。

    目前，受高等职业教育大趋势的牵引、拉动，我国高等法律职业教育开始了教育观念和人才培养模式的重塑。改革传统的理论灌输型学科教学模式，吸收、内化"校企合作、工学结合"的高等职业教育办学理念，从办学"基因"——专业建设、课程设置上"颠覆"教学模式："校警合作"办专业，以"工作过程导向"为基点，设计开发课程，探索出了富有成效的法律职业化教学之路。为积累教学经验、深化教学改革、凝塑教育成果，我们着手推出"基于工作过程导向系统化"的法律职业系列教材。

    《国家中长期教育改革和发展规划纲要（2010～2020 年）》明确指出，高等教育要注重知行统一，坚持教育教学与生产劳动、社会实践相结合。该系列教材的一个重要出发点就是尝试为高等法律职业教育在"知"与"行"之间搭建平台，努力对法律教育如何职业化这一教育课题进行研究、破解。在编排形式上，打破了传统篇、章、节的体例，以司法行政工作的法律应用过程为学习单元设计体例，以职业岗位的真实任务为基础，突出职业核心技能的培养；在内容设计上，改变传统历史、原则、概念的理论型解读，采取"教、学、练、训"一体化的编写模式。以案例等导出问题，根据内容设计相应的情境训练，将相关原理与实操训练有机地结合，围绕关键知识点引入相关实例，归纳总结理论，分析判断解决问题的途径，充分展现法律职业活动的演进过程和应用法律的流程。

　　法律的生命不在于逻辑，而在于实践。法律职业化教育之舟只有驶入法律实践的海洋当中，才能激发出勃勃生机。在以高等职业教育实践性教学改革为平台进行法律职业化教育改革的路径探索过程中，有一个不容忽视的现实问题：高等职业教育人才培养模式主要适用于机械工程制造等以"物"作为工作对象的职业领域，而法律职业教育主要针对的是司法机关、行政机关等以"人"作为工作对象的职业领域，这就要求在法律职业教育中对高等职业教育人才培养模式进行"辩证"地吸纳与深化，而不是简单、盲目地照搬照抄。我们所培养的人才不应是"无生命"的执法机器，而是有法律智慧、正义良知、训练有素的有生命的法律职业人员。但愿这套系列教材能为我国高等法律职业化教育改革作出有益的探索，为法律职业人才的培养提供宝贵的经验、借鉴。

2016 年 6 月

前 言

　　操作系统控制了计算机系统中的所有软件、硬件资源，是硬件与软件的桥梁，是计算机系统的灵魂和核心。操作系统的学习内容包括操作系统的结构、设计思想、方法、技术和实现原理，其教学内容对于学生建立计算机系统整体概念、深刻理解计算机系统运行机制和学习其他计算机专业课程是极其重要的，但是操作系统课程的内容也具有知识点繁多、概念抽象、理解困难等特点。

　　对于高职院校的学生来说，教学的目的是既要了解操系统的原理，又要熟悉操作系统的应用及操作，本书以项目驱动的方式，遵照重点突出、实用为主的原则，注重技能训练的针对性与实用性。全书分为两个单元，单元一是基础知识训练项目，内容包括认识操作系统、进程管理、处理机调度、存储器管理、设备管理、文件管理、操作系统的安全与保护七个项目，对操作系统的基本原理进行了深入浅出、循序渐进的全面介绍，重点是理解操作系统的运行机制及实现原理。单元二为实践能力训练项目，在单元一的基础上将所学的操作系统理论知识与实践项目相结合，主要内容是掌握 Linux 系统的基本应用，介绍了 Linux 操作系统的安装、基本命令的使用、文件和目录管理、用户管理、网络设置等内容，并在 Linux 系统上搭建服务器 Web 环境，完成一个简单的网站发布，可以为后续的网站设计、大数据应用、网络安全和云计算运维等需要用到 Linux 系统的课程打下坚实的操作系统技能基础。另外，为适应司法职业院校的信息安全人才培训模式，本书加入了操作系统信息安全方面的项目介绍，包括操作系统安全威胁、数据加密、认证技术、防火墙等知识，为后续的网络攻防、入侵检测和渗透测试等课程打下理论基础，完善了网络安全专业在操作系统方面的基础知识。

本书主编为许学添、黄少荣，副主编为李玲俐、李俊磊和万晓辉，其他撰稿人为陈丹、陈丽仪、邹同浩和赖河蒗。陈晓明参与了本书编写的讨论与审核。书稿编撰过程中，编者参考了大量相关书籍和资料，汲取了同仁们很多宝贵的经验和信息，也得到了教务、科研、网络中心等部门的领导和技术人员的支持以及兄弟院校同类专业、高科技企业老师的帮助，在此向所有为本书做出贡献的同志致以衷心的感谢！

本书几经讨论与修改，并经过多次教学实践，是计算机信息技术教学适应职业教育的改革探索和尝试，疏漏和不足之处在所难免，殷切希望广大读者批评指正，希望通过本书的学习能给职业院校计算机、电子信息等相关专业的学生带来全面的计算机系统观和丰富的信息技术知识。

单元一 基础知识训练项目

项目1 认识操作系统 ……………………………………………………………… 3

    任务1-1 掌握操作系统的概念及目标 …………………………………… 3

    任务1-2 掌握操作系统的功能与特征 …………………………………… 5

    任务1-3 了解操作系统的发展历程 ……………………………………… 8

    任务1-4 了解现代主要的操作系统 ……………………………………… 11

    任务1-5 认识操作系统结构设计 ………………………………………… 13

项目2 进程管理 …………………………………………………………………… 18

    任务2-1 掌握进程的基本概念 …………………………………………… 18

    任务2-2 掌握进程控制 …………………………………………………… 25

    任务2-3 掌握进程同步机制 ……………………………………………… 30

    任务2-4 掌握信号量机制 ………………………………………………… 33

    任务2-5 掌握进程通信 …………………………………………………… 41

    任务2-6 认识线程 ………………………………………………………… 45

项目3 处理机调度 ………………………………………………………………… 55

    任务3-1 掌握处理机调度的概念 ………………………………………… 55

    任务3-2 掌握作业管理 …………………………………………………… 59

任务 3 - 3　掌握进程调度 ·· 65

任务 3 - 4　认识死锁 ··· 70

项目 4　存储器管理 ·· 82

任务 4 - 1　掌握存储器管理的概念 ·· 82

任务 4 - 2　认识连续分配存储管理 ·· 86

任务 4 - 3　认识非连续分配存储管理方式 ·· 92

任务 4 - 4　认识虚拟存储器 ··· 99

项目 5　设备管理 ··· 107

任务 5 - 1　掌握设备管理的概念及功能 ·· 107

任务 5 - 2　认识 I/O 系统 ··· 109

任务 5 - 3　认识设备的分配与回收 ·· 112

任务 5 - 4　认识设备管理采用的技术 ··· 114

项目 6　文件管理 ··· 120

任务 6 - 1　掌握文件管理的概念 ·· 120

任务 6 - 2　认识文件的结构 ·· 124

任务 6 - 3　认识文件的目录管理 ·· 127

任务 6 - 4　文件的共享与安全 ··· 131

项目 7　操作系统的安全与保护 ·· 135

任务 7 - 1　掌握操作系统安全概述 ·· 135

任务 7 - 2　认识操作系统的安全机制 ··· 141

任务 7 - 3　认识密码技术 ·· 145

任务 7 - 4　认识保护系统和网络的防火墙 ·· 151

单元二　实践能力训练项目

项目 8　Linux 系统安装 ··· 161

任务 8 - 1　VMware 安装 Centos ··· 161

任务 8 - 2　Centos 系统设置 ……………………………………………… 169

任务 8 - 3　Linux 系统基本操作 …………………………………………… 176

项目 9　Linux 文件目录和用户管理 …………………………………… 182

任务 9 - 1　认识 Linux 文件目录系统 ……………………………………… 182

任务 9 - 2　认识 Linux 系统用户和用户组管理 …………………………… 188

任务 9 - 3　认识 Linux 权限管理 …………………………………………… 192

项目 10　网络的组建和管理 …………………………………………… 195

任务 10 - 1　设置网络参数 ………………………………………………… 195

任务 10 - 2　配置 DHCP 服务器 ………………………………………… 199

任务 10 - 3　配置 DNS 服务器 …………………………………………… 201

任务 10 - 4　Apache 服务器 ……………………………………………… 206

参考文献 ………………………………………………………………… 211

单元一　基础知识训练项目

　　单元一基础知识训练项目主要介绍了本书操作系统的理论知识，通过单元一能够了解操作系统运行的基本原理，掌握操作系统的设计思想，理解操作系统设计的原理并了解这些原理是如何实现的，为单元二实践能力训练奠定坚实的理论基础。本单元包括认识操作系统、进程管理、处理机调度、存储器管理、设备管理、文件管理、操作系统的安全与保护七个项目。

项 目 1

认识操作系统

自 1946 年第一台计算机面世以来，从个人计算机到巨型计算机系统，都必须要配置一种或多种操作系统才能运行。操作系统是计算机系统的灵魂，它管理计算机系统的资源，提供友善的人机互动，对于每一位计算机用户来说，认知和理解操作系统非常重要。本项目在简单阐述操作系统概念的基础上，回顾了操作系统的发展历史，随后介绍了近代几种操作系统。

任务 1 - 1　掌握操作系统的概念及目标

任务描述

什么是操作系统？操作系统的设计目标是什么？

学习目标

- 掌握操作系统的概念
- 理解操作系统的设计目标
- 了解操作系统的作用

操作系统的定义是本课程的核心概念之一，在学习其他内容之前，首先要掌握什么是操作系统。本任务主要介绍操作系统的概念、目标和作用。

1.1.1　操作系统的概念

计算机包括硬件系统和软件系统两个组成部分，硬件系统是所有软件运行的物质基础，而软件系统能充分发挥硬件的潜能并扩充硬件功能，完成各种应用任务，两者互相促进、相辅相成、缺一不可。图 1 - 1 所示为一个计算机系统的软/硬件层次结构。其中，每一层具有一组功能并提供相应的接口，接口对层内掩盖了实现细节，对层外提供了使用约定。

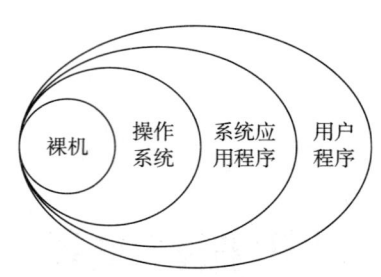

图 1 - 1　计算机系统的软/硬件层次结构

　　计算机硬件包括处理器、寄存器、存储器以及可使用的各种 I/O 设备，它是操作系统和上层软件赖以工作的基础。操作系统（Operating System，OS）是在裸机（完全无软件的计算机系统）上加载的第 1 层软件，是最基本也是最为重要的基础性系统软件，实现了应用软件和硬件设备的连接，是对计算机硬件系统功能的首次扩充，也是其他软件的运行基础。

　　综上所述，操作系统是一个管理计算机系统资源、控制程序运行的系统软件，它为用户提供了一个方便、安全、可靠的工作环境和界面。

1.1.2　操作系统的目标

　　科学家们为了让计算机更好地为人类工作，不断对操作系统进行改进和完善。操作系统的设计目标可以归结为以下几个方面：

　　1. 方便性

　　操作系统应该方便用户使用，使计算机更加易学易用。

　　2. 有效性

　　操作系统应该管理好计算机系统的所有硬件及软件资源，提高系统效率。

　　3. 可扩充性

　　操作系统应该能够改造硬件设施，能够方便地添加新的功能模块，扩充机器功能。

　　4. 开放性

　　操作系统应该构筑一个开放的环境，遵循有关国际标准，支持体系结构的可伸缩性和可扩展性，支持应用程序在不同平台上的可移植性和可互操作性，并使各种软硬件能够彼此兼容。

1.1.3　操作系统的作用

　　从不同的角度来观察操作系统的作用。可得出不同的结论。从一般用户的角度来看，可把操作系统看作是用户与计算机硬件系统之间的接口；从资源管理的角度来看，可把操作系统看作是计算机系统资源的管理者。

　　操作系统实现了对计算机资源的抽象，隐藏了操作硬件的细节。

1. 操作系统作为用户与计算机硬件系统之间的接口

操作系统处于用户与计算机硬件系统之间，用户通过操作系统来使用计算机系统。用户可以通过命令方式、系统调用方式和图形 – 窗口方式这三种方式使用计算机。

2. 操作系统作为计算机系统资源的管理者

计算机资源分为四类：处理器、存储器、I/O 设备以及信息（数据和程序）。相应地，操作系统的主要功能也正是针对这四类资源进行有效的管理，即：处理机管理、存储器管理、I/O 设备管理和文件管理。

3. 操作系统实现了对计算机资源的抽象

在裸机上安装操作系统后，便可变成一台功能显著增强，使用极为方便的多层扩充机器或多层虚拟机器。

操作系统是铺设在计算机硬件上的多层系统软件，不仅增强了系统的功能，而且也隐藏了对硬件操作的细节，实现了对计算机硬件操作的多个层次的抽象。

任务 1 – 2　掌握操作系统的功能与特征

📝 任务描述

操作系统有哪些功能和特征？

📝 学习目标

- 掌握操作系统的五大管理功能
- 掌握操作系统的四大特征

操作系统的职能是管理和控制计算机系统中的所有硬件和软件资源，合理地组织计算机工作流程，并为用户提供一个良好的工作环境和友好的接口。本任务主要介绍操作系统的功能和特征。

1.2.1　操作系统的功能

计算机系统资源可分为硬件资源和软件资源。硬件资源指的是组成计算机的硬件设备，如中央处理器、主存储器、磁盘存储器、打印机、磁带存储器、显示器、键盘输入设备和鼠标等。软件资源指的是存放于计算机内的各种数据，如文件、程序库、知识库、系统软件和应用软件等。根据资源管理对象的不同，操作系统的功能分为处理机管理、存储器管理、设备管理、文件管理和用户接口五个方面。

1. 处理机管理

处理机管理又称进程管理，其主要任务是对处理器的时间进行合理分配、对处理器的运行实施有效的管理。

在单道作业或单用户的情况下，处理机为一个作业或一个用户所独占，对处理机的管理十分简单。但在多道程序或多用户的情况下，要组织多个作业同时运行，就要解决处理机分配调度策略、分配实施和资源回收等问题。由于操作系统对处理机管理策略的不同，其提供的作业处理方式也就不同，例如批处理方式、分时处理方式和实时处理方式。呈现在用户面前的操作系统就具有了不同性质。

2. 存储器管理

由于多道程序共享内存资源，所以存储器管理的主要任务是对存储器进行分配、保护和扩充。

（1）内存分配：在内存中除了操作系统和其他系统软件外，还要有一个或多个用户程序。如何分配内存，以保证系统及各用户程序的存储区互不冲突？这就是内存分配需要解决的问题。

（2）存储保护：系统中有多个程序在运行，如何保证一道程序在执行过程中不会有意或无意地破坏另一道程序？如何保证用户程序不会破坏系统程序？这就是存储保护要解决的问题。

（3）内存扩充：当用户作业所需要的内存量超过计算机系统所提供的内存容量时，如何把内部存储器和外部存储器结合起来管理，为用户提供一个容量比实际内存要大得多的虚拟存储器，使用户使用这个虚拟存储器和使用内存一样方便？这就是内存扩充所要完成的任务。

3. 设备管理

根据确定的设备分配原则对设备进行分配，使设备与主机能够并行工作，为用户提供良好的设备使用界面。

（1）通道、控制器和输入输出设备的分配和管理。现在计算机常常配置有多种不同的输入输出设备，这些设备具有不同的操作性能，特别是它们在信息传输和处理方面的速度差别很大，并且它们常常是通过通道控制器与主机发生联系的。设备管理的任务就是根据一定的分配策略，把通道、控制器和输入输出设备分配给请求输入输出操作的程序，并启动设备完成实际的输入输出操作。为了尽可能发挥设备和主机并行工作的能力，常需要采用虚拟技术和缓冲技术。

（2）设备独立性。输入输出设备种类很多，使用方法各不相同。设备管理应为用户提供一个良好的界面，而不必涉及具体的设备特性，以使用户能方便、灵活地使用这些设备。

4. 文件管理

有效地管理文件的存储空间，合理地组织和管理文件系统，为文件访问和文件保护提供更有效的方法及手段。

文件是以计算机硬盘为载体存储在计算机上的信息集合，文件可以是文本文档、图片、程序等等。在系统运行时，计算机以进程为基本单位进行资源的调度和分配；

而在用户进行的输入、输出中，则以文件为基本单位。大多数应用程序的输入都是通过文件来实现的，其输出也保存在文件中，这便于信息的长期存储及将来的访问。用户将文件用于应用程序的输入、输出，还希望可以进行访问文件、修改文件和保存文件等操作，实现对文件的维护管理，这就需要系统提供一个文件管理系统，操作系统的文件系统就是用于实现用户的这些管理要求的。

5. 用户接口

操作系统位于底层硬件与用户之间，是两者沟通的桥梁。用户可以通过操作系统的用户界面，输入命令。操作系统则对命令进行解释，驱动硬件设备，实现用户要求。通过用户接口，用户只需进行简单操作，就能实现复杂的应用处理。操作系统提供了三种类型的接口供用户使用：

（1）命令接口。命令接口提供一组命令供用户直接或间接操作。根据作业的方式不同，命令接口又分为联机命令接口和脱机命令接口。

（2）程序接口。程序接口由一组系统调用命令组成，提供一组系统调用命令供用户程序使用。

（3）图形界面接口。图形界面接口通过图标、窗口、菜单、对话框及其他元素和文字组合，在桌面上形成一个直观易懂、使用方便的计算机操作环境。

1.2.2　操作系统的特征

所有操作系统具有某些共同的特征，概括为：并发性、共享性、虚拟性和异步性四个基本特征。

1. 并发性（Concurrence）

并行性与并发性是既相似又区别的两个概念。并行性是指两个或者多个事件在同一时刻发生，这是一个具有微观意义的概念，即在物理上这些事件是同时发生的；而并发性是指两个或者多个事件在同一时间的间隔内发生，它是一个较为宏观的概念。在多道程序环境下，并发性是指在一段时间内有多道程序在同时运行，但在单处理机的系统中，每一时刻仅能执行一道程序，故微观上这些程序是在交替执行的。应当指出，通常的程序是静态实体，它们是不能并发执行的。为了使程序能并发执行，系统必须分别为每个程序建立进程。进程又称任务，简单来说，是指在系统中能独立运行并作为资源分配的基本单位，它是一个活动的实体。多个进程之间可以并发执行和交换信息。一个进程在运行时需要一定的资源，如 CPU、存储空间及 I/O 设备等。在操作系统中引入进程的目的是使程序能并发执行。

2. 共享性（Sharing）

共享性是指系统中的资源可供内存中多个并发执行的进程共同使用。由于资源的属性不同，故多个进程对资源的共享方式也不同，可以分为：互斥共享方式和同时访问方式。

3. 虚拟性（Virtual）

虚拟性是指通过技术把一个物理实体变成若干个逻辑上的对应物。在操作系统中虚拟化的实现主要是通过分时的方法。显然，如果 n 是某一个物理设备所对应的虚拟逻辑设备数，则虚拟设备的速度必然是物理设备速度的 $1/n$。

4. 异步性（Asynchronism）

在多道程序设计环境下，允许多个进程并发执行，由于资源等因素的限制，通常，进程的执行并非"一气呵成"，而是以"走走停停"的方式运行。内存中每个进程在何时执行、何时暂停、以怎样的方式向前推进、每道程序总共需要多少时间才能完成，都是不可预知的。或者说，进程是以异步的方式运行的。尽管如此，但只要运行环境相同，作业经过多次运行，都会获得完全相同的结果。因此，异步运行方式是允许的。

任务 1-3　了解操作系统的发展历程

任务描述

操作系统的形成和发展大致经历了哪些阶段？其发展动力是什么？

学习目标

- 了解操作系统的发展动力
- 了解操作系统的发展历程

操作系统并不是与计算机硬件一起诞生的，它是在人们使用计算机的过程中，为了满足两大需求，即提高资源利用率和增强计算机系统性能，并伴随着计算机技术本身及其应用的日益发展，而逐步地形成和完善起来的。本任务主要介绍推动操作系统发展的动力以及操作系统的发展历程。

1.3.1　推动操作系统发展的动力

1. 不断提高计算机资源利用率

在计算机初期，计算机系统特别昂贵，提高计算机系统中的各种资源的利用率，这是操作系统最初发展的推动力。

2. 方便用户

用户在上机、调试程序时的不方便，成为继续推动操作系统发展的主要因素。

3. 器件的不断更新换代

微机芯片的不断更新换代，使得计算机的性能快速提高，从而推动了操作系统功能和性能的增强和提高。

4. 计算机体系结构的不断发展

计算机体系结构的发展，也不断推动着操作系统的发展，并促进新的操作系统类型的产生。

5. 不断提出新的应用需求

操作系统能如此迅速发展的另一个重要原因是，人们不断提出新的应用需求。

1.3.2　操作系统的发展历程

操作系统的发展阶段：手工操作阶段、批处理阶段、分时操作系统阶段、实时操作系统阶段。而随着操作系统的发展，网络操作系统、分布式操作系统、个人计算机操作系统也出现了。

1. 手工操作阶段

从 1946 年第一台计算机诞生到 20 世纪 50 年代中期，操作系统还未出现，计算机工作采用手工操作方式。操作流程如下：程序员将对应于程序和数据的已穿孔的纸带（或卡片）装入输入机，然后启动输入机把程序和数据输入计算机内存，接着通过控制台开关启动程序针对数据运行；计算完毕，打印机输出计算结果；用户取走结果并卸下纸带（或卡片）后，才让下一个用户上机。

由于用户在纸带上编写程序的速度很慢，纸带输入输出的速度也很慢，而计算机的处理速度快，所以系统资源的利用率极低。

2. 批处理阶段

为了解决人工干预问题，必须缩短建立作业和人工操作的时间。人们首先提出从一个作业自动转换到下一个作业的批处理方式。完成作业自动转换工作的程序叫做监督程序，它是最早的操作系统雏形。

批处理方式分为联机批处理和脱机批处理两种类型：

（1）联机批处理系统。首先出现的是联机批处理系统，即作业的输入/输出由 CPU 来处理。

主机与输入机之间增加一个存储设备—磁带，在运行于主机上的监督程序的自动控制下，计算机可自动完成：成批地把输入机上的用户作业读入磁带，依次把磁带上的用户作业读入主机内存并执行，并把计算结果向输出机输出。完成了上一批作业后，监督程序又从输入机上输入另一批作业，保存在磁带上，并按上述步骤重复处理。在这样的系统中，作业处理是成批进行的，并且在内存中总是只保留一道作业（故又称为单道批处理）。

虽然这种单道批处理系统能够实现作业的自动转换工作，但由于联机操作影响了 CPU 速度的发挥，系统资源利用率仍不高。

（2）脱机批处理系统。为克服早期联机批处理的缺点，缓解高速主机与慢速外设的矛盾，提高 CPU 的利用率，人们引入了脱机批处理系统，即输入/输出脱离主机控制。脱机批处理系统是在主机之外增加一台不与主机直接相连而专门用于与输入/输出设备打交道的卫星机，卫星机负责从输入机上读取用户作业并放到输入磁带上和从输出磁带上读取执行结果并传给输出机，如图1-2所示。

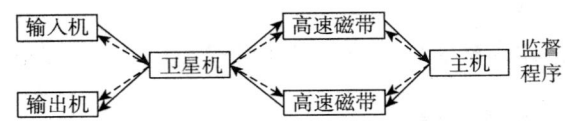

图1-2　脱机批处理系统模型

这样，主机不是直接与慢速的输入/输出设备打交道，而是与速度相对较快的磁带机发生关系，有效缓解了主机与设备的矛盾。主机与卫星机可并行工作，二者分工明确，可以并行操作。由于I/O设备不受主机直接控制，所以这种操作称做"脱机"批处理。

批处理系统是在解决人机矛盾和CPU与I/O设备速率不匹配这一矛盾的过程中发展起来的。与之相适应，出现了监督程序、汇编程序、编译程序、装配程序等，它们促进了软件的发展。

3. 多道批处理系统阶段

早期的脱机批处理系统联机系统虽然有了很多改善，但仍然只允许一道作业驻留内存，因此系统资源的利用率仍不高。为了进一步提高资源利用率和系统吞吐量，在20世纪60年代中期引入了多道程序设计技术，形成了多道批处理系统。

多道程序设计技术允许多个程序同时进入内存并运行，即同时把多个程序放入内存，并允许它们交替在CPU中运行，它们共享系统中的各种硬、软件资源。当一道程序因I/O设备请求而暂停运行时，CPU便立即转去运行另一道程序。

在多道批处理系统中，由于多道程序可以并发执行，它们要共享系统资源，同时又要保证相互间协调地工作，系统管理变得很复杂。多道批处理必须解决一系列问题，包括内存的分配和保护问题、处理机的调度和作业的合理搭配问题、I/O设备的共享和方便使用问题、文件的存放和读写操作及安全性问题等。处理这些问题正是操作系统所具备的基本功能。

4. 分时和实时系统出现

多道批处理系统同样缺少人机交互能力，因此用户使用不便。为了解决这个问题，人们开发出了分时系统，把处理机的运行时间分成很短的时间片，按时间片轮流把处理机分配给各联机作业使用。在分时系统中，一台主机可以连接多个用户终端，每个用户可在自己的终端上联机使用计算机。

若某个作业在分配给它的时间片内不能完成其计算，则该作业暂时中断，把处理机让给另一作业使用，等待下一轮时再继续其运行。由于计算机速度很快，作业运行轮转得很快，给每个用户的印象是自己独占了一台计算机。而每个用户可以通过自己的终端向系统发出各种操作控制命令，在充分的人机交互情况下，完成作业的运行。

为了满足某些应用领域内对实时处理的需求，人们开发出实时系统，能够及时响应随机发生的外部事件，并在严格的时间范围内完成对该事件的处理。实时系统具有专用性，不同的实时系统用于不同的应用领域。它有三种典型的应用形式，即过程控制系统（如工业生产自动控制、卫星发射自动控制）、信息查询系统（如仓库管理系统、图书资料查询系统）和事务处理系统（如飞机订票系统、银行管理系统）。

5. 通用操作系统出现

多道批处理系统的不断改进，实时系统的出现及广泛应用，不断促进操作系统的日益完善。在此基础上，出现了通用操作系统，它可以同时兼有多道批处理、分时处理、实时处理之中两种及以上的功能。例如，实时处理和批处理相结合就形成了实时批处理系统，它会首先保证优先处理实时任务，再插空进行批处理作业。人们常把实时任务称为前台作业，把批作业称为后台作业。再如，分时处理和批处理相结合就形成了分时批处理系统，它在保证分时用户需求的前提下，可进行批量作业的处理。同样，分时用户和批处理作业可按前后台方式处理。

从 20 世纪 60 年代中期，国际上开始研制一些大型的通用操作系统。人们试图使这些系统功能齐全、可适应各种应用范围和操作方式不断变化的环境。但是，这些系统过于复杂和庞大，研制这些系统不仅付出了巨大的代价，且在解决其可靠性、可维护性和可理解性方面都遇到很大的困难。

相比之下，UNIX 操作系统却是一个例外。这是一个通用的多用户分时交互型的操作系统。它首先建立的是一个精干的核心，而其功能却足以与许多大型的操作系统相媲美，在核心层以外，可以支持庞大的软件系统。它很快得到应用和推广并不断完善，对现代操作系统有着重大的影响。

至此，操作系统的基本概念、功能、基本结构和组成都已形成并渐趋完善。

任务 1-4　了解现代主要的操作系统

任务描述

现代主要的操作系统有哪几种？

学习目标

● 了解几种有代表性的操作系统

本任务主要介绍了现代主要的几种操作系统的设计原理及特点，根据操作系统的服务时效，可以把操作系统分为批处理操作系统、分时操作系统、实时操作系统；根据计算机体系结构，操作系统又可以分为嵌入式操作系统、个人计算机操作系统、网络操作系统和分布式操作系统。

1.4.1　批处理操作系统

批处理操作系统的工作方式是：用户将作业交给系统操作员，系统操作员将许多用户的作业组成一批作业，之后输入到计算机中，在系统中形成一个自动转接的连续的作业流，然后启动操作系统，系统自动、依次执行每个作业。最后由操作员将作业结果交给用户。

批处理操作系统的特点是：多道和成批处理。

1.4.2　分时操作系统

分时操作系统的工作方式是：一台主机连接若干个终端，每个终端有一个用户在使用。用户交互式地向系统提出命令请求，系统接受每个用户的命令，采用时间片轮转方式处理服务请求，并通过交互方式在终端上向用户显示结果。

1.4.3　实时操作系统

实时操作系统是指使计算机能及时响应外部事件的请求，严格在规定的时间内完成对该事件的处理，并控制所有实时设备和实时任务协调一致地工作的操作系统。实时操作系统要追求的目标是：在严格时间范围内对外部请求做出反应，有高可靠性和完整性。

1.4.4　嵌入式操作系统

嵌入式操作系统是运行在嵌入式系统环境中，对整个嵌入式系统以及它所操作、控制的各种部件装置等资源进行统一协调、调度、指挥和控制，并使整个系统能高效运行的系统软件。

1.4.5　个人计算机操作系统

个人计算机操作系统是一种单用户多任务的操作系统。个人计算机操作系统主要供个人使用，功能强、价格便宜，几乎可以在任何地方安装使用。它能满足普通用户操作、学习、游戏等方面的需求。个人计算机操作系统的主要特点是计算机在某一时间内为单个用户服务；采用图形界面人机交互的工作方式，界面友好；使用方便，用户无需专门学习，也能熟练操纵机器。

1.4.6　网络操作系统

网络操作系统是基于计算机网络的，在各种计算机操作系统上按网络体系结构协议标准开发的软件，包括网络管理、通信、安全、资源共享和各种网络应用。其目标是相互通信及资源共享。

1.4.7 分布式操作系统

分布式操作系统是为分布计算系统配置的操作系统。它在资源管理、通信控制和操作系统的结构等方面都与其他操作系统有较大的区别。由于分布计算机系统的资源分布于系统的不同计算机上，操作系统对用户的资源需求不能像一般的操作系统那样等待有资源时直接分配，而是要在系统的各台计算机上搜索，找到所需资源后才可进行分配。对于有些资源，如具有多个副本的文件，还必须考虑一致性。所谓一致性是指若干个用户对同一个文件同时读出的数据是一致的。为了保证一致性，操作系统须控制文件的读、写操作，使得多个用户可同时读一个文件，而任一时刻最多只能有一个用户在修改文件。分布式操作系统的通信功能类似于网络操作系统。分布计算机系统不像网络分布得很广，同时分布式操作系统还要支持并行处理，因此它提供的通信机制和网络操作系统提供的有所不同，它要求通信速度高。分布式操作系统的结构也不同于其他操作系统，它分布于系统的各台计算机上，能并行地处理用户的各种需求，有较强的容错能力。

任务1-5 认识操作系统结构设计

任务描述

操作系统是一个大型的系统软件，设计时采用了哪些结构？

学习目标

● 认识操作系统的四种结构

开发操作系统时，先后引入了分解、模块化、抽象和隐蔽等方法，这促进了操作系统结构的更新换代。本任务主要介绍几种操作系统的结构。

1.5.1 简单结构

在早期开发操作系统时，设计者只是把注意力放在功能的实现和高效率的获得上，缺乏首尾一致的设计思想。此时的操作系统是为数众多的一组过程的集合，各过程之间可以相互搭配，在操作系统内部不存在任何结构，因此，这种操作系统是无结构的，也有人把它称为简单结构或整体结构。

简单结构的操作系统以 MS-DOS 和早期的 UNIX 为例。各种功能归为不同的功能块，每个功能块相对独立，经过固定的界面互相联系。任意一个功能块可调用另一个功能块的服务。比如，MS-DOS 系统的应用程序能够访问基本的 I/O 子程序，直接写到显示器和磁盘驱动程序中。这种任意性使 MS-DOS 易受错误（或恶意）程序的伤害,从而导致用户程序出错时整个系统的崩溃。整个操作系统是一个巨大的单一体,其运行在内核态下为用户提供服务。图1-3所示为MS-DOS系统的体系结构。

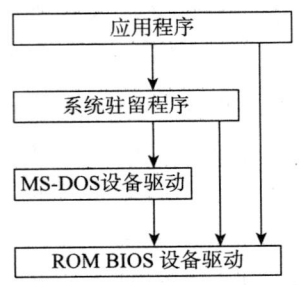

图1-3　MS-DOS体系结构

简单结构操作系统有很多缺点,比如功能块之间的关系复杂,修改任意功能块,其他所有功能块都需要修改,导致操作系统设计开发困难;又如没有层次关系的网状联系容易造成循环调用而形成死锁,导致操作系统的可靠性降低。

1.5.2　分层结构

简单结构进一步通用化,就变成一个层次式结构的操作系统,它的上层软件都是在下一层软件的基础之上构建的。如图1-4所示,将操作系统分成若干层,最底层(层0)为硬件,最高层(层N)为用户接口。

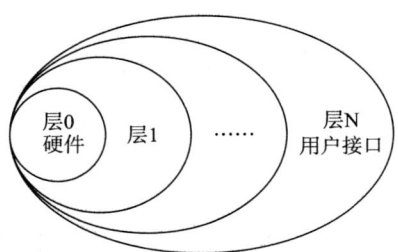

图1-4　分层结构的操作系统

分层结构主要优点是构造和调试简单,每层只能使用较低层的功能和服务,且不知道低层如何实现这种操作;而低层都向其较高层隐藏了一定的数据结构、操作和硬件细节。

分层结构主要缺点有三点。第一是需要对层详细定义。例如,用于备份存储的设备驱动程序(虚拟内存算法所使用的磁盘空间)必须位于内存管理子程序之下,因为内存管理需要使用磁盘空间。第二是效率较低。例如,当一个用户程序执行I/O操作时,执行系统调用,并陷入到I/O层;I/O层会调用内存管理层,内存管理层接着调用CPU调度层,最后传递给硬件。在每一层都会涉及参数修改、数据传递等,为系统调用增加了额外开销,导致执行时间相对长。第三是可靠性和安全性难以保证。

1.5.3　模块化结构

模块化是20世纪60年代出现的一种结构化程序设计技术。模块化结构是指将整个操作系统按功能划分为若干个模块，每个模块实现一个特定的功能，如图1－5所示。模块之间的通信只能通过预先定义的接口进行，或者说模块之间的相互关系仅限于接口参数的传递。

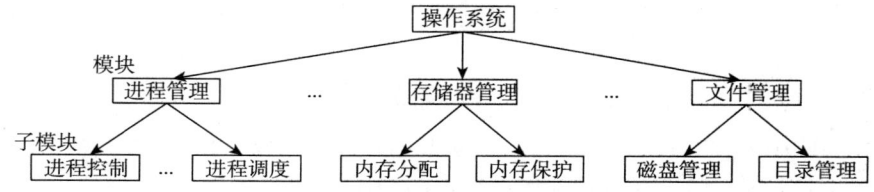

图1－5　模块化结构的操作系统

在这种模块化结构中，模块的划分并不是随意的，而是要遵循一定的原则，即模块之间的关联要尽可能地少，而模块内部的关联要尽可能地紧密，这样划分出来的模块之间具备一定的独立性，从而减少了模块之间调用关系的复杂性，使得操作系统的结构变得清晰。而模块内部各部分联系紧密，使得每个模块都具备独立的功能。

1.5.4　微内核结构

微内核（Micro Kernel）操作系统结构是在20世纪90年代发展起来的，其以客户服务器体系结构为基础、采用面向对象技术的结构，能有效地支持多处理器，非常适用于分布式系统。

微内核是一个能实现操作系统功能的小型内核，运行在核心态，且常驻内存，它不是一个完整的操作系统，只是为构建通用操作系统提供基础。微内核的基本功能包括进程管理、存储器管理、进程间通信、I/O设备管理。此时，操作系统由两大部分组成，即运行在核心态的内核和运行在用户态并以客户服务器方式运行的进程层，如图1－6所示。

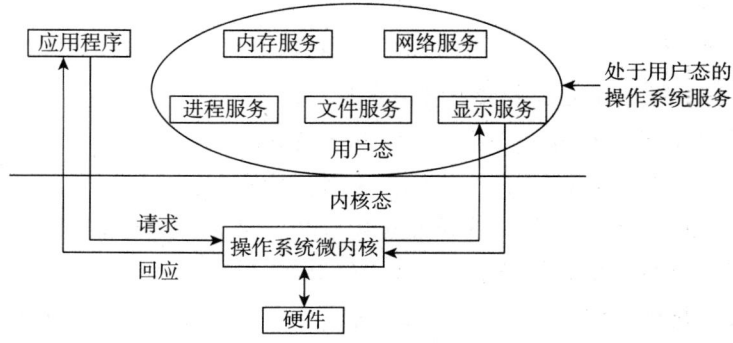

图1－6　微内核结构的操作系统

 习题 1

一、选择题

1. 操作系统是一种系统软件，它（ ）。

A. 控制程序的执行　　　　　　B. 管理计算机系统的资源

C. 方便用户使用计算机　　　　D. 管理计算机系统的资源和控制程序的执行

2. 操作系统目的是提供一个供其他程序执行的良好环境，因此它必须使计算机（ ）。

A. 使用方便　　　　　　　　　B. 高效工作

C. 合理使用资源　　　　　　　D. 使用方便并高效工作

3. 允许多个用户以交互方式使用计算机的操作系统是（ ）。

A. 分时操作系统　　　　　　　B. 单道批处理系统

C. 实时操作系统　　　　　　　D. 多道批处理系统

4. 下列系统中（ ）是实时系统。

A. 计算机激光照排系统　　　　B. 办公自动化系统

C. 化学反应堆控制系统　　　　D. 计算机辅助设计系统

5. 批处理操作系统提高了计算机系统的工作效率，但（ ）。

A. 不能自动选择作业执行　　　B. 无法协调资源分配

C. 不能缩短作业执行时间　　　D. 在作业执行时用户不能直接干预

6. 分时操作系统适用于（ ）。

A. 控制生产流水线　　　　　　B. 调试运行程序

C. 大量的数据处理　　　　　　D. 多个计算机资源共享

7. 在混合型操作系统中，"前台"作业往往是指（ ）。

A. 由批量单道系统控制的作业　B. 由批量多道系统控制的作业

C. 由分时系统控制的作业　　　D. 由实时系统控制的作业

8. 在批处理兼分时的系统中，对（ ）应该及时响应，使用户满意。

A. 批量作业　　　　　　　　　B. 前台作业

C. 后台作业　　　　　　　　　D. 网络通信

9. 实时操作系统对可靠性和安全性要求极高，它（ ）。

A. 十分注重系统资源的利用率　B. 不强调响应速度

C. 不强求系统资源的利用率　　D. 不必向用户反馈信息

10. 分布式操作系统与网络操作系统本质上的不同之处在于（ ）。

A. 实现各台计算机之间的通信　B. 共享网络中的资源

C. 满足较大规模的应用　　　　D. 系统中若干台计算机相互协作完成同一任务

二、填空题

1. 计算机是由硬件系统和_____系统组成。

2. 软件系统由各种_____和数据组成。

3. 计算机系统把进行_____和控制程序执行的功能集中组成一种软件，称为操作系统。

4. 使计算机系统使用方便和_____是操作系统的两个主要设计目标。

5. 批处理操作系统、_____和实时操作系统是基本的操作系统。

6. 用户要求计算机系统中进行处理的一个计算机问题称为_____。

7. 批处理操作系统按照预先写好的_____控制作业的执行。

8. 在多道批处理操作系统控制下，允许多个作业同时装入_____，使中央处理器轮流地执行各个作业。

9. 批处理操作系统提高了计算机系统的_____，但在作业执行时用户不能直接干预作业的执行。

10. 在分时系统中，每个终端用户每次可以使用一个由_____规定的 CPU 时间。

三、简答题

1. 什么是操作系统？操作系统追求的主要目标是什么？

2. 如何看待操作系统在计算机系统中的地位？

3. 操作系统分为哪几类？

4. 从资源管理观点看，操作系统具有哪些功能？

5. 简述操作系统的特征。

6. 简述操作系统发展的几个阶段。

7. 什么是批处理系统？它可以分为哪两种？

8. 分时系统与实时系统的主要差别在哪？

9. 驱动操作系统发展的动力是什么？

10. 操作系统有哪几种体系结构？

项 目 2

进程管理

现代操作系统的重要特点是程序的并发进行，也就是系统中存在多道程序，系统资源被共享。在采用多道程序设计的系统中，资源分配和独立运行的基本单位不是程序而是进程，操作系统所具有的四大特征都是基于进程而形成的。本项目介绍了进程的基本概念、进程控制、进程同步以及信号量机制，并引入了能进一步提高程序并发执行程序的多线程概念。

任务 2-1　掌握进程的基市概念

任务描述

操作系统的任务之一是使用户充分、有效地利用系统资源。采用一个什么样的概念来描述计算机程序的执行过程和作为资源分配的基本单位，才能充分反映操作系统的执行并发、资源共享以及用户随机的特点呢？

学习目标

- 理解程序的并发执行
- 掌握进程的概念及其特征
- 认识进程控制块
- 掌握进程的状态及其转换

操作系统为了使程序并发执行而产生了进程，进程是对正在运行的程序的一个抽象，操作系统的其他概念都是围绕着进程的概念展开的。本任务主要介绍程序的并发执行、进程的定义与特征、进程控制块和进程状态及其转换。

2.1.1　程序的并发执行

1. 程序的顺序执行及其特征

程序（Program）是为解决某一问题而设计的一系列指令的有序集合，是一个静态的概念。它体现了编程人员要求计算机完成相应功能时所应该采取的顺序步骤。通常可以把一个应用程序分成若干个程序段，在各程序段之间，必须按照某种先后次序顺序执行，仅当前一操作（程序段）执行完后，才能执行后继操作。如图 2－1 所示，简单的 C 语言程序语句包含了多层意义。

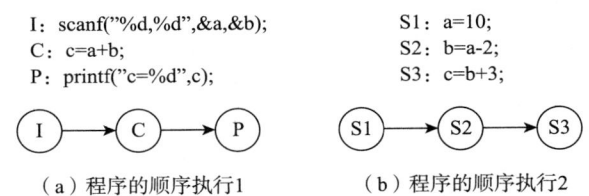

(a) 程序的顺序执行1　　　　　　　　(b) 程序的顺序执行2

图 2－1　程序的顺序执行

图 2－1（a）中包括三个操作：输入操作 I、计算操作 C 和输出操作 P。程序的执行过程如图 2－1（a）所示，程序运行时，输入操作 I 完成后计算操作 C 才能开始，只有 C 完成后输出操作 P 才能执行。

图 2－1（b）中的语句包含三个操作：S1、S2 和 S3，S1 完成后 S2 才能开始，S2 计算完毕才能计算 S3。

有些计算过程必须严格按照程序规定的顺序来执行。如果一个计算过程由若干操作组成，而这些操作必须按照某种先后次序来执行，以保证某些操作的结果可以为其他一些操作所利用，也就是前一个操作完成后才能开始下一个操作，这种执行过程就是程序的顺序执行过程，程序的顺序执行有如下三个特点：

（1）顺序性：处理机的操作严格按照程序所规定的顺序执行，即每一操作必须在上一个操作结束之后开始。

（2）封闭性：程序是在封闭的环境下执行的，即程序运行时独占全机资源，资源的状态（除初始状态外）只有本程序才能改变它。程序一旦开始执行，其执行结果不受外界因素影响。

（3）可再现性：只要程序执行时的环境和初始条件相同，当程序重复执行时，不论它是从头到尾不停顿地执行，还是"走走停停"地执行，都将得到相同的结果。

2. 程序的并发执行及其特征

计算机的主机能够处理数据的速度要比它的外围设备能提供给它数据的速度快几百倍甚至几千倍。在早期的单道程序工作环境中，内存中只有一个程序作业。在输入和输出期间主机什么都不能做，因为数据没有输入完就不能进行计算。同样的，输出数据的操作没完成之前，其后续操作也不能进行。因此，程序只能等待。由于程序控制主机，所以主机也必须等待。

程序的顺序设计有利于程序的编程和调试，但这种程序执行时独占全机资源，使得系统资源的利用率比较低。那么能不能在一台计算机上同时运行两个或多个程序以提高系统资源的利用率呢？那样，当某个程序在等待数据时，处理机可把它的处理控制转移到另一程序。存储器中的程序越多，处理机的使用效率也就越高。随着计算机技术的进步，从第二代计算机起就具有了处理机和外围设备并行工作的能力，当硬件引入通道和中断技术后，这种多道程序设计技术得以实现。在采用多道程序设计的计算机系统中，允许多个程序同时进入一个计算机系统的内存并运行。显然，让几个程序同时进入计算机显然要比让程序一个个地串行进入计算机效率要高得多。如图 2 - 2 所示。

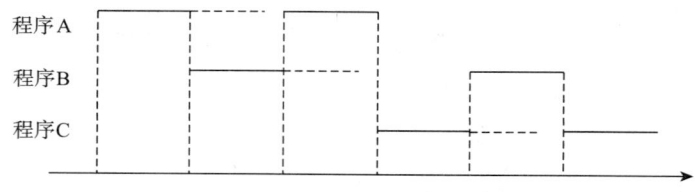

图 2 - 2　程序的并发执行

图 2 - 2 所述例子中，多道程序同时在一台计算机上运行，每个程序都分配有各自的存储区和外部设备，而 CPU 是共享的。由于外部设备速度低于 CPU 的处理速度，当一个程序等待 I/O 时，就调度其他程序到 CPU 上运行。因为共享一个 CPU，所以在每一时刻真正在 CPU 上执行的程序只有一个。从宏观上看，系统中的多个程序都同时得到执行，即程序是并发执行的。多道程序设计的实质就是把程序的并发执行引入到系统中。

程序的并发执行大大提高了系统资源的利用率，同时也加快了程序的执行速度。但由于多个程序共享内存、设备、CPU 等系统资源，这就产生了与顺序程序不同的特征。

（1）间断性。程序并发执行时，由于它们共享系统资源，以及为完成同一项任务而相互合作，在并发执行的程序之间形成了互相制约的关系：并发程序具有"执行—暂停—执行"的间断性的活动规律。

（2）失去封闭性。程序在并发执行时是多个程序共享系统中的各种资源，因而这些资源的状态也由这些程序来改变，致使程序的运行失去了封闭性。这样，某程序在运行时必然会受到其他程序的影响。例如，当处理机被其他程序占用，某程序就必须等待。

（3）不可再现性。由于程序在并发执行时不知道哪个程序会被优先执行，处理结果可能出现不一致。例如有两个循环程序 A 和 B，它们共享一个变量 N。程序 A 每执行一次时，都要做 $N = N + 1$ 操作；程序 B 每执行一次时，都要做执行 Print（N）操作，之后执行 $N = 0$ 操作。A、B 以不同的速度运行，则可能出现下述三种情况（假设某时刻变量 N 的值为 n）。

①先执行 A 然后执行 B，结果是：$n + 1$，$n + 1$，0；

②先执行 B 的"print（N）"，然后执行 A，再执行 B 的"N = 0"，结果是：n，n +

1，0；

③先执行 B 然后执行 A，结果是：n，0，n+1。

引入并发的目的是提高资源利用率，从而提高系统效率。虽然程序并发执行能有效地提高资源利用率和系统的吞吐量，但必须采取某种措施使并发程序能保持其"可再现性"。

2.1.2　进程的定义与特征

1. 进程的定义

程序在并发执行时，由于计算的结果与程序执行时的相对速度有关，从而失去了封闭性，程序与计算不再一一对应。而且一个程序的执行过程不再仅仅由自身代码决定，而要受到其他并发程序的制约。由于存在不同于顺序程序的这些特性，在多道程序系统中，用程序这一静态概念已经不能表达并发程序的执行过程。为此，引入了进程的概念。

2. 进程的特征

进程是操作系统的最基本、最重要的概念之一。引进这个概念的关键是共享资源，而从资源的观点来看，有效管理共享资源是计算机操作系统最重要的内容。1966 年，美国麻省理工学院的 J. H. Saltzer 最早提出"进程"的概念并将之用于 Multics 系统设计中。所谓进程，是指一个程序在给定数据集合上的一次执行过程，是系统进行资源分配和运行调度的独立单位。每个进程有一个自己的地址空间以及一个单一的控制流程，进程具有如下特征：

（1）动态性。进程的实质是进程实体的一次执行过程，因此动态性是进程最基本的特征。其动态性表现在：它由创建产生，由调度而执行，由撤销而消亡。可见，进程实体有生命期。而程序只是一组有序指令的集合，静态地存放于某种介质上，其本身并不具有运行的含义，只是一个静态的概念。

（2）并发性。并发性指多个进程实体同存于内存中，且能在一段时间内同时运行。并发性是进程的重要特征，也是操作系统的重要特征。引入进程的目的正是为了使其进程实体能和其他进程实体并发执行。

（3）独立性。进程实体是一个能独立运行、独立分配资源和独立接受调度的基本单位。

（4）异步性。异步性指进程按各自独立的、不可预知的速度向前推进。

（5）结构特征。从结构上看，所有进程的结构是相同的。进程有一定的结构，它由程序段、数据段和控制结构（如进程控制块）三部分组成。程序规定了该进程所要执行的任务，数据是程序操作的对象，而控制结构中含有进程的描述信息和控制信息，是进程组成中最关键的部分。

2.1.3　进程控制块

1. 进程控制块的概念

操作系统作为资源管理和分配程序，其本质任务是自动控制程序的执行，并满足进程执行过程中提出的资源使用要求。当一个程序进入计算机的内存进行计算就构成了进程。那么进程就不只是一个概念，而是相应的具有了实体。为了描述和控制进程的运行，系统为每个进程定义了一个数据结构，称为进程控制块（PCB），它是进程实体的一部分，是操作系统中最重要的记录型数据结构。

PCB 是进程实体的一部分，它记录了操作系统所需要的、用于描述进程当前情况及控制进程运行所需的全部信息。PCB 的作用是使一个多道程序环境下不能独立运行的程序，成为一个能独立运行的基本单位，一个能与其他进程并发执行的进程。或者说，操作系统是根据 PCB 来对并发进程进行控制和管理的，例如，创建进程，实质上是创建进程实体中的 PCB；而撤销进程，实质上是撤销进程的 PCB。因此，PCB 是进程存在的唯一标识，是进程在其生命期内的管理档案，必须常驻内存。

2. 进程控制块的格式

不同操作系统，PCB 的格式、大小及内容不尽相同，但一般包括以下四方面的信息。

（1）进程标识符。进程标识符用于唯一地标识一个进程。一个进程通常有两种标识符，分别是内部标识符与外部标识符。在所有的操作系统中，每一个进程都被赋予一个唯一的数字标识符，它通常是一个进程的序号，设置内部标识符主要是为了方便系统使用。外部标识符由创建者提供，通常由字母、数字组成，往往是由用户在访问该进程时使用。

（2）处理机状态。处理机状态主要由处理机的各种寄存器中的内容组成。处理机在运行时，许多信息都放在寄存器中。当处理机中断时，所有这些信息都必须保存在PCB 中，以便在该进程重新执行时，能从断点开始继续执行。这些寄存器包括通常寄存器、指令计数器、程序状态字（PSW）和用户栈指针。

（3）进程调度信息。与进程调度和进程对换有关的信息，包括进程状态、进程性质、进程优先级、进程调度所需的其他信息、进程由执行态进入阻塞态所等待的事件等。

（4）进程控制信息。进程控制信息包括程序和数据的地址、进程同步和通信机制、资源清单、链接指针等。

3. 进程控制块的组织方式

在一个系统中，通常可拥有数十个、数百十甚至数千个进程的 PCB。为了方便管理，系统将所有的 PCB 用适当方式组织起来。一般来说，大致有三种方式：

（1）线性表方式。线性表方式指将所有的 PCB 不分状态组织在一个连续表（PCB表）中。该方式的优点是简单，且不需要额外的开销，适用于进程数目不多的系统。缺点是调度进程时往往需要扫描整个 PCB 表。

（2）索引方式。索引方式指对于相同状态的进程，分别设置各自的 PCB 索引表，表目为 PCB 在 PCB 表中的地址。于是就构成了就绪索引表、阻塞索引表。另外，在内存固定单元设置三个指针，分别指示就绪索引表的起始地址和阻塞索引表的起始地址及执行态 PCB 在 PCB 表中的地址，如图 2 – 3 所示。

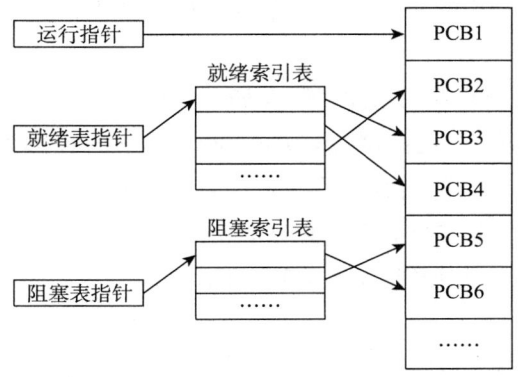

图 2 – 3 PCB 的索引方式

（3）链接方式。链接方式指对于相同状态进程的 PCB，通过 PCB 中的链接字构成一个队列。队首由内存固定单元中相应的队列指针指示，链接字指出本队列下一 PCB 表中的编号（或地址），队尾的链接字（队列指针）内容为 0 或一个特殊符号。这样，便形成了就绪队列、阻塞队列和运行队列。其中，就绪队列只有一个，阻塞队列对应于不同的阻塞原因可以有多个，而运行队列中只有一个成员。如图 2 – 4 所示。

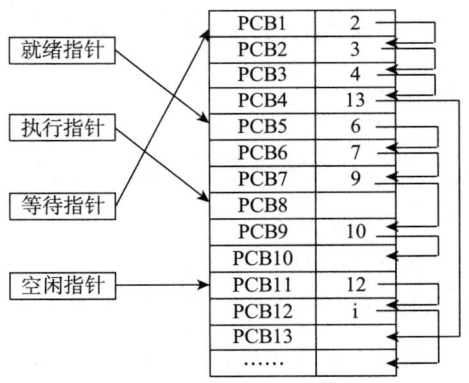

图 2 – 4 按链接方式组织的 PCB

2.1.4 进程的状态及其转换

1. 进程的三种基本状态

进程反映的是程序在并发系统中执行时的动态特征，它有着"走走停停"的活动规律。进程的这一动态性质是由其状态及转换决定的。进程在运行中不断地改变其运行状态。通常，一个进程具有以下三种基本状态。

（1）就绪状态：当进程已分配到除处理器以外的所有必要的资源后，只要能获得处理器就能立即运行，这时的状态称为就绪状态。在一个系统中，可以有多个进程同时处于就绪状态，通常这些进程排成一个或多个队列，称为就绪队列。

（2）执行状态：执行状态指进程已获得处理器，其程序正在执行。在单处理机系统中，只能有一个进程处于执行状态。在多处理机系统中，则可能有多个进程处于执行状态。

（3）阻塞状态：进程因发生某种事件（如I/O请求、申请缓冲空间等）而暂停执行，即进程的执行受到阻塞，这种状态为阻塞状态，有时也称为"等待"或"睡眠"状态。通常将处于阻塞状态的进程排列成一个队列，称为阻塞队列。在有的系统中，按阻塞的不同原因将处于阻塞状态的进程排成多个队列。

进程的三种基本状态及其转换如图2-5所示。

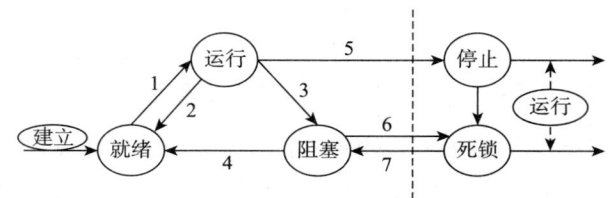

图 2 - 5　进程状态的转换图

2. 进程状态的转换

进程在运行期间不断地从一个状态转换到另一个状态，进程的各种调度状态依据一定的条件而发生变化，它可以多次处于就绪状态和执行状态，也可多次处于阻塞状态，但可能排在不同的阻塞队列。

（1）就绪状态转换为运行状态（转换1）。处于就绪状态的进程被调度程序选中，分配到CPU后，该进程的状态就由就绪状态转换为执行状态。处于执行状态的进程也称为当前进程。此时当前进程的程序在CPU上执行。

（2）运行状态转换为就绪状态（转换2）。正在执行的进程如用完本次分配给它的CPU时间片，它就要让出CPU，暂停运行，该进程的状态就由运行状态转换为就绪状态，以后进程调度程序选中它时，它就又可以继续运行了。

（3）运行状态转换为阻塞状态（转换3）。正在运行的进程因某种条件未满足而放弃对CPU的占用。例如，该进程要求读入文件中的数据，在数据读入内存之前，该进程无法继续执行下去，它只好放弃CPU，等待读文件这一事件的完成。这个进程的状态就由执行状态转换为阻塞状态。

（4）阻塞状态转换为就绪状态（转换4）。处于阻塞状态的进程所等待的事件完成后，例如，读数据操作完成后，系统就把该进程的状态由阻塞状态转换为就绪状态。此时该进程就从等待队列中出来，进入到就绪队列，与就绪队列中的其他进程竞争CPU。

另外，转换 5 是进程运行终止，转换 6 是无休止等待，转换 7 是死锁解除。虚线左边是活动的，右边是静止的。转换 3 和转换 5 是进程自己启动的，其他转换均由操作系统的专门机构启动。

事实上，进程的状态转换是一个非常复杂的过程。从一个状态到另一个状态的转换除了要使用不同的控制过程，有时还要借助于硬件触发器才能完成。例如，在 UNIX 系统中，从系统态到用户态的转换要借助硬件触发器完成。

3. 进程的挂起

当进程不断创建，而系统的资源特别是内存资源已经不能满足进程运行的要求时，就必须考虑把某些进程挂起，对换到磁盘镜像区中，释放它所占有的某些资源，暂时不参与调度。引起进程挂起的原因主要有：系统中的进程均处于阻塞状态，处理机空闲，这时需要把一些阻塞进程对换出去，以腾出足够的内存装入就绪进程；进程竞争资源，导致系统资源不足，此时需要挂起部分进程以调整系统负荷，保证系统的实时性或让系统正常运行；把一些定期执行的进程（如审计程序、监控程序、记账程序）对换出去，以减轻系统负荷；用户要求挂起自己的进程，以便根据中间执行情况和中间结果进行某些调试、检查和改正；父进程要求挂起自己的子进程，以进行某些检查和改正；操作系统需要挂起某些进程，检查运行中资源使用情况，以改善系统性能，或当系统出现故障或某些功能受到破坏时，需要挂起某些进程以排除故障。引入挂起状态的进程状态转换如图 2 - 6 所示。

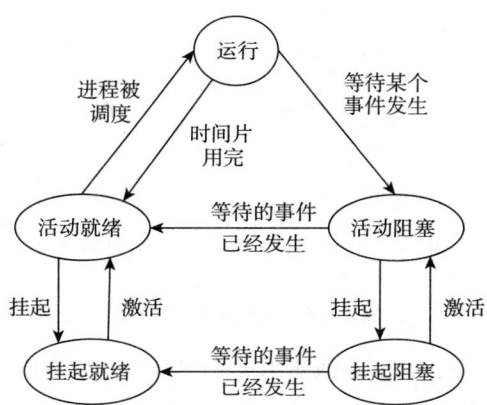

图 2 - 6　具有挂起状态的进程状态转换图

任务 2 - 2　掌握进程控制

📖 **任务描述**

操作系统是如何创建、撤销进程以及完成进程各状态间的转换，从而达到多进程高效率并发执行及资源共享的目的？

📝 学习目标

- 认识进程族系
- 理解进程原语
- 掌握进程的创建与终止
- 掌握进程的阻塞与唤醒

进程是操作系统最基本、最重要的概念，进程控制是进程管理中最基本的功能。本任务主要介绍进程族系，进程原语，以及进程的创建、终止、阻塞与唤醒。

2.2.1　进程族系

就如同人类的族系一样，系统中众多的进程也存在族系关系。一个进程，由其父进程创建，进程可以创建另一个进程，被创建的进程称作"子进程"。如果需要，进程就会创建一个或多个子进程，子进程还可以根据需要创建"孙进程"。这样下去，就形成了"进程树"，称之为"进程族系"，从而构成一棵树型的进程族系图，如图 2 – 7 所示。

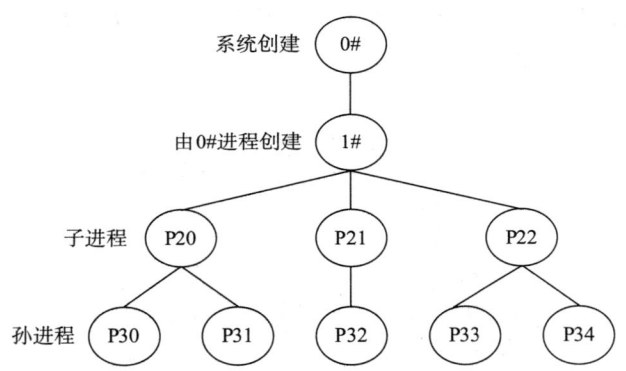

图 2 – 7　进程族系示意图

UNIX 系统建立时，系统会自动创建第 1 个进程（在 UNIX 系统中称作 0 号进程），由它创建 1 号进程及其他核心进程；然后 1 号进程又为每个终端创建命令解释进程（Shell 进程）；用户输入命令后又创建若干进程，这样便形成了一棵进程树。树的根结点（即第 1 个进程 0#）是所有进程的祖先，上一层结点对应的进程是其直接相连的下一层结点对应进程的父进程。

2.2.2　进程原语

进程控制一般由操作系统的内核来实现，通常把进程控制用程序段做成原语。原语（Primitive）是在系统态下执行的、完成系统特定功能的过程。原语和计算机指令类似，是一个不可分割的基本单位，其特点是执行过程中不允许被中断，因此原语的执行是顺序的而不可能是并发的。一种原语的实现方法是以系统调用方式提供原语接口，且采用屏蔽中断的方式来实现原语功能，以保证原语操作不被打断。

原语可分为两类：其一是机器指令级的原语，其特点是执行期间不允许中断，它是一个不可分割的基本单位；其二是功能级的原语，其特点是作为原语的程序段不允许并发执行。用于进程管理的原语主要有创建进程原语、撤销进程原语和阻塞进程原语等。

2.2.3　进程的创建

在多道程序环境中，只有进程才能在系统中运行。因此，为使程序能正常运行，就必须为其创建进程。

1. 引起创建进程的事件

导致一个进程去创建另一个进程的典型事件有以下四类：

（1）用户登录。在分时系统中，用户在终端输入登录命令后，如果是合法用户，系统将为该终端建立一个进程，并把它插入到就绪队列中。

（2）作业调度。在批处理系统中，当作业调度程序按一定的算法调度到某作业时，便将该作业装入内存，为它分配必要的资源，并立即为它创建进程，再把进程插入到就绪队列中。

（3）提供服务。当运行中的用户程序提出某种请求后，系统将专门创建一个进程来提供用户所需要的服务。例如，用户程序要求进行文件打印，操作系统将为它创建一个打印进程，这样，不仅可使打印进程与该用户进程并发执行，还便于计算出为完成打印任务所花费的时间。

（4）应用请求。在上述三种情况下，都是由系统内核为它创建一个新进程。应用进程也可提出请求，由它自己创建一个新进程，以便使新进程以并发运行方式完成特定任务。例如，某应用程序需要不断地从键盘终端读入输入数据，继而又要对数据进行相应的处理，然后，再将处理结果以表格形式在屏幕上显示。该应用进程为使这几个操作能并发执行以加速任务的完成，可以分别建立键盘输入进程、表格输入进程。

2. 创建进程的方式

创建进程的方式主要有以下两种。

（1）由系统程序模块统一创建。例如：在批处理系统中，由操作系统的作业调度程序为用户创建相应的进程以完成用户作业所要求的功能。由系统统一创建的进程之间的关系是平等的，它们之间一般不存在资源继承关系。

（2）由父进程创建。在树形结构系统中，一个进程可以创建新进程。创建的进程为父进程，被创建的进程称为子进程。在这种系统中，通过父进程创建子进程以完成并行工作。在父进程创建的进程之间存在隶属关系，属于某个家族的一个进程可以继承其父进程所拥有的资源。

3. 创建进程的步骤

一旦操作系统发现了要求创建进程的事件后，便调用进程创建原语 create（），按下述步骤创建一个新进程。

（1）申请空白 PCB。为新进程申请并获得唯一的数字标识符，并从 PCB 集合中索取一个空白 PCB。

（2）为新进程分配资源。为新进程的程序和数据及用户栈分配必要的内存空间。如果新进程要共享某个已在内存的地址空间（即已装入内存的共享段），则必须建立相应的连接。

（3）初始化 PCB。PCB 的初始化包括初始化标识信息、处理机状态信息、处理机状态信息、处理机控制信息。

（4）将新进程插入到就绪队列。

2.2.4　进程的终止

一个进程完成了特定的工作或出现了严重的异常，操作系统将收回其占用的资源，其实质是撤销其 PCB。进程终止分为正常终止和非正常终止，前者如分时系统中的注销和批处理系统中的撤离作业，后者如进程运行过程中出现错误与异常。

1. 引起进程终止的事件

（1）正常结束。正常结束指进程完成功能，正常运行结束。

（2）异常结束。异常结束指在进程执行期间，由于出现某些错误和故障而迫使进程终止。常见的有：进程执行了非法指令；进程在目态执行了特权指令；进程运行超时；进程等待超时；越界错误；对共享内存区的非法使用；算术运算错误；严重的 I/O 故障等。

（3）外界干预。外界干预并非指在本进程运行中出现了异常事件，而是指进程应外界的请求而终止运行。常见的干预有：操作员或操作系统干预；父进程请求；父进程撤销，因而其所有子进程被撤销；操作系统终止等。

2. 进程的终止过程

一旦系统发生了终止进程的某事件后，操作系统便调用进程终止原语 distroy（），按下述过程去终止指定的进程。

（1）根据进程名检索出其 PCB，从中读出该进程的状态。

（2）如果被终止的进程正处于执行态，应立即终止进程的执行；如果该进程还有子孙进程，还应将其所有子孙进程全部终止。

（3）收回该进程所拥有的全部资源，归还给其父进程或者归还给系统。

（4）将被终止进程的 PCB 从所在队列移出并消除。

2.2.5　进程的阻塞与唤醒

1. 引起阻塞与唤醒的事件

（1）请求系统服务。当正在执行的进程请求操作系统提供某种服务时，如果操作系统不能立即满足要求，该进程只能转变为阻塞状态。例如，某一进程请求使用打印机，但打印机正在被其他进程使用，则请求进程只能被阻塞，加入到阻塞队列中，当有资源后，被阻塞的进程会被唤醒，加入到就绪队列中。

（2）启动某种操作。当进程启动某种操作后，如果该进程必须在该操作完成之后才能继续执行，则必须先使进程阻塞。例如，进程启动某个 I/O 操作，如果只有在 I/O 设备完成了指定 I/O 任务后进程才能继续执行，则进程在启动 I/O 操作后便加入阻塞队列去等待。在 I/O 设备完成其他 I/O 任务后再由中断处理程序或中断进程将该进程唤醒。

（3）新数据尚未到达。对于相互合作的进程，如果其中一个进程需要先获得另一进程提供的数据后才能运行（对数据进行处理），则在所需数据尚未到达之前，进程只有阻塞等待。

（4）无新工作可做。系统往往设置一些具有某特定功能的系统进程，每当这种进程完成任务后，便将自己阻塞等待新任务的到来。例如，系统中的发送进程，其主要工作是发送数据，如果已有数据已经发送完成而又没有新任务时，进程将使自己进入阻塞状态。

2. 进程阻塞过程

当要进行阻塞的事件发生时，进程通过调用阻塞原语 block（）将自己阻塞，所以，阻塞是一个主动的过程，将自己进行阻塞。

进入 block 过程后，由于此时该进程还处于执行状态，所以应先立即停止执行，把 PCB 的状态由执行改为阻塞，并将其插入到阻塞队列。如果系统中设置了因不同事件而阻塞的多个阻塞队列，则应将该进程插入到具有相同事件的阻塞队列。最后转到调度程序重新调度，将处理机分配给另一就绪进程并进行切换。

3. 进程唤醒过程

当被阻塞进程所等待的事件出现时，如 I/O 操作完成或其所期待的数据已经到达，则有关进程（如用完并释放了该 I/O 设备的进程）调用唤醒原语 wakeup（），将等待该事件的进程唤醒，唤醒是通过别的进程来进行的。

唤醒原语的执行过程是：首先将阻塞的进程从等待该事件的阻塞队列中移出，将其 PCB 中的状态由阻塞改为就绪，然后再将该 PCB 插入到就绪队列中。

block（）原语和 wakeup（）原语是一对作用相反的原语。因此，如果在某进程中调用了 block（），则必须在与之相合作的另一进程或其他相关进程中调用 wakeup（）来唤醒阻塞进程。否则，被阻塞进程将会因不能被唤醒而一直处于阻塞状态，从而没机会运行。

任务2-3　掌握进程同步机制

任务描述

在多道程序环境下，进程是并发执行的，不同进程之间存在着不同的相互制约关系。这些制约关系是如何产生的？操作系统如何协调进程之间的相互制约关系？

学习目标

- 理解进程的同步与互斥
- 掌握进程同步机制
- 掌握锁机制

本任务主要介绍进程间的两种制约关系——同步与互斥，并引入进程同步机制以及锁机制等重要概念。

2.3.1　进程同步与互斥

1. 进程同步

系统中某些进程之间存在相互合作的关系，即当一个进程执行完成后，另一个进程才能开始。

例如：如图2-8所示，计算进程 A 和打印进程 B 共享一个缓冲区 S，在计算进程 A 没有将数据送入缓冲区 S 前，打印进程 B 不能开始打印；同样地，如果打印进程 B 没有从缓冲区 S 中取走数据，计算进程 A 也不能再启动下一次的计算。

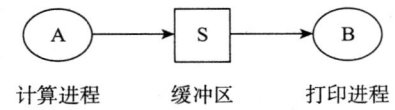

计算进程　　　缓冲区　　　打印进程

图2-8　进程同步实例

可见，进程在并发执行时，必须按照一定的次序进行。这种某个进程在合作进程发来消息之前等待，消息到来之后方可继续执行的进程合作关系称为进程同步。

2. 进程互斥

系统中，许多进程经常需要共享某些资源，而这些资源往往要求一次只能为一个进程服务。即当一个进程访问共享资源时，其他访问该共享资源的进程必须等待，当前进程使用结束后，其他进程才能使用。

例如，有如下两个进程 A 和 B：

	进程 A	进程 B

进程 A　　　　　　　　　进程 B

printf （ "How \ t"）　　printf （ "I \ t"）

printf （ "are \ t"）　　printf （ "am \ t"）

printf （ "you?　\ t"）　　printf （ "fine \ t"）

进程 A 和进程 B 共享一个输出设备，如果任意使用，就会出现输出的结果交织在一起难以区分的情况。那么，解决方法只能是：进程 A 要使用输出设备，就应先提出申请，一旦系统分配资源，A 进程就独占设备；在此期间进程 B 只能等待，等进程 A 输出完毕释放了该设备后，才有可能使用。

如上面例子所述，虽然多个进程可以共享系统中的各种资源，但其中许多资源一次只能为一个进程所使用，这种一次仅允许一个进程使用的资源称为临界资源（Critical Resource）。

许多硬件资源（打印机等）和软件资源（文件、队列、缓冲区、表格、变量和数据等）都属于临界资源。临界资源可以被若干进程共享，但各进程只能采取互斥方式实现对资源的共享。在每个进程中，访问临界资源的那段代码称为临界区（Critical Section）。

对临界资源的访问，必须互斥地进行。为了实现对临界区的互斥访问，应保证各进程互斥地进入自己的临界区。为此，每个进程在进入其临界区前，必须先提出申请，经允许后方可进入。所谓进程互斥就是两个进程不能同时进入访问同一临界资源的临界区。

2.3.2　进程同步机制

1. 同步机制原则

为了使各个进程互斥地进入自己的临界区，必须在系统中设置专门的同步机构来协调各种进程间的运行，这就是同步机制，所有同步机制都应遵循以下四条准则。

（1）空闲让进。临界资源空闲时，允许一个请求进入临界区的进程立即进入自己的临界区，以有效地利用临界资源。

（2）忙则等待。当临界资源正在被访问时，其他请求进入临界区的进程必须等待，以保证对临界资源的互斥访问。

（3）有限等待。请求访问临界资源的进程应能在有限的时间内进入自己的临界区，以免陷入"死等"状态。

（4）让权等待。当进程不能进入临界区时，应立即释放处理机，以免进程"忙等"状态。

2. 同步机制

解决进程同步问题可以通过硬件方法，也可以通过软件方法来实现。系统中用来实现进程间同步与互斥的机构称为同步机制。

由于完全利用软件方法实现进程互斥有很大局限性，现在已很少单独采用软件方法。利用硬件方法实现互斥的主要思想是用一条指令完成标识的检查和修改两个操作，或者通过禁止中断的方式来保证检查和修改作为一个整体执行，从而保证了检查操作与修改操作不被打断。硬件方法采用处理机指令能很好地把标识的检查和修改操作结合成一个不可分割的整体，因而具有明显的优点，具体体现在适用范围广、简单、支持多个临界区等。但硬件方法也有一些自身无法克服的缺点，主要包括：进程在等待进入临界区时要耗费处理机时间，不能实现让权等待；由于进入临界区的进程是从等待进程中随机选择的，有的进程可能一直未被选上，从而出现饥饿现象。

目前常见的同步机制有：锁机制、信息量机制与管程机制。

2.3.3 锁机制

大多数同步机制都是采用一个物理实体，如锁、信号量等，并提供相应的原语。系统通过这些同步原语来控制对共享资源或公共变量的访问，以实现进程的同步与互斥。

当某个进程进入临界区之后，它将锁上临界区，直到它退出临界区为止。当并发进程在申请进入临界区时，首先测试该临界区是否是上锁的，如果是，则该进程要等到该临界区开锁之后才有可能进入临界区。

1. 锁机制定义

这是一种最简单的同步机制。用变量 w 代表某种临界资源的状态，w 称为锁或锁位。$w = 0$ 表示资源可用；$w = 1$ 表示资源正在被使用。进程在使用临界资源之前需要先考察锁变量的值，如果 $w = 0$ 则将锁设置为 1（关锁），如果 $w = 1$ 则回到第一步重新考察锁变量的值。当进程使用完资源后，应将锁设置为 0。

系统可以提供对锁变量进行操作的两个原语操作是加锁原语 lock（w）和开锁原语 unlock（w）。加锁原语 lock（w）：①测试 w 是否为 0；②如果 $w = 0$，则令 $w = 1$；③如果 $w = 1$，则返回①。整个操作是一条原语，中间不允许别的进程改变 w 的值。开锁原语 unlock（w）只有一个动作，即令 $w = 1$。

2. 利用加锁与开锁原语，可以很方便地实现进程互斥

进程 Pi：…

  lock（w）

  Si   //进程 Pi 在临界区中的操作

  unlock（w） //如果无此句，则任何进程（包括自己）都无法再使用该

        资源

3. 锁机制特点

锁机制简单方便，但效率低。当有进程在临界区内时，其他想进入临界区的进程必须不断测试，从而处于一种"忙等"状态，不符合"让权等待"的准则，浪费处理机时间。还有可能导致在某些情况下出现不公平现象，如饥饿现象或死锁现象。例如，

有一间不限制使用时间的公用自习室，一次只能一个人使用。某学生首先获得使用该自习室的权利，然后去看该自习室是否锁上了，如果没锁，进去并加锁；如果锁上了，他只好一会儿再来，直到门开为止。可能他来十几次也进不了自习室，而有的学生可能第一次来就进去了，且不断地进进出出。

解决方法有两种：一是增设一个自习室管理员（Monitor），自习室门一开就通知最先到的学生；二是增设一个信号灯（Sem），通过信号灯的颜色变化来决定申请使用自习室者是否可以进入。

任务 2-4　掌握信号量机制

任务描述

信号量机制被广泛地应用于单处理机和多处理机系统以及计算机网络中。如何利用信号量的 P、V 操作来协调进程间的制约关系？

学习目标

- 认识信号量机制的定义及类型
- 理解信号量上的 P、V 操作
- 掌握利用信号量机制实现进程间的互斥与同步
- 学会利用信号量机制解决经典进程同步问题

信号量（Semaphores）机制是荷兰学者 Dijkstra 在 1965 年提出的一种卓有成效的进程同步工具。在长期且广泛的应用中，信号量机制又得到了很大的发展，它从整型信号量、记录型信号量，进而发展为"信号量集"机制。本任务主要介绍信号量机制定义、信号量机制实现互斥与同步以及信号量机制解决经典同步问题。

2.4.1　信号量机制定义

信号量的基本原则是在多个相互合作的进程之间使用简单的信号来协调控制，一个进程检测到某个信号后，就被强迫停止在一个特定的地方，直到它收到一个专门的信号为止。其工作方式类似于十字路口的交通控制信号灯。

1. 信号量

信号量 sem 是用来表示物理资源的实体，它是一个与队列有关的整形变量，且初值非负（运行过程中不受非负限制）。$sem \geq 0$ 表示有可供并发进程使用的资源实体数，$sem < 0$ 时则表示正在等待使用该临界资源的进程数。

实现时，信号量常常用一个记录型数据结构表示，它有两个分量：一个是信号量的值，另一个是信号量队列的指针，每一个信号量都对应一个空或非空的阻塞队列，其中的进程处于阻塞状态。建立一个信号量必须说明所建信号量代表的意义、赋初值以及建立相应的数据结构，以便指向那些等待使用该临界资源的进程。

2. P、V 操作

除赋初值外，信号量 sem 的值仅能由 P、V 原语操作来改变（P 和 V 分别是荷兰语测试 Passeren 和增量 Verhoog 的头一个字母）。此外，原语操作常用符号还有 wait 和 signal、up 和 down、sleep 和 wakeup 等。

一次 P 原语操作使得信号量 sem 减 1，而一次 V 原语操作使得信号量 sem 加 1。与锁机制不同的是，当某个进程在临界区内执行时，其他进程如果执行了 P 操作，则该进程并不像调用 lock 时那样因进不了临界区而返回到 lock 的起点，等以后再重新执行测试，而是在等待队列中等待有其他进程做 V 操作释放资源后，进入临界区，这时，P 操作才算真正结束。另外，当有好几个进程执行 P 操作未通过而进入等待状态之后，如果有进程执行了 V 操作，则等待进程中的一个可以进入临界区，但其他进程必须等待。

P 操作功能图如图 2-9 所示，其主要动作如下：

①sem = sem - 1；

②如果 sem≥0，则 P 原语返回，该进程继续执行；

③如果 sem < 0，则将该进程阻塞后插入与该信号相对应的等待队列，然后转进程调度。

V 操作功能图如图 2-10 所示，其主要动作如下：

①sem = sem + 1；

②如果 sem > 0，V 原语停止执行，该进程返回调用处，继续执行；

③如果 sem≤0，则从该信号的等待队列中唤醒一个等待进程，然后再返回原进程继续执行或转进程调度。

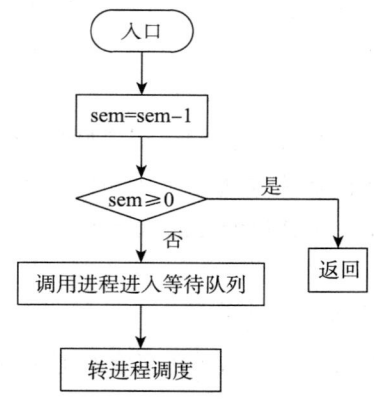

图 2-9　P 原语操作

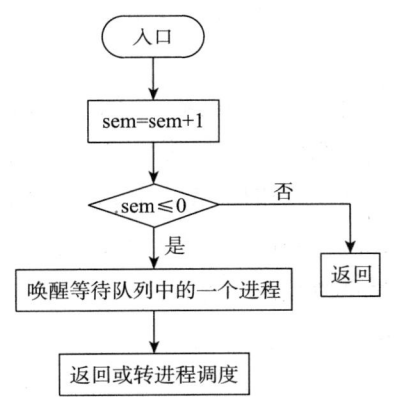

图 2 – 10　V 原语操作

P、V 操作的物理意义：每执行一次 P 操作意味着请求分配一个单位资源；每执行一次 V 操作意味着释放一个单位资源。P、V 操作执行期间不允许中断，每个进程只能进行一次，并且必须成对使用。

3. 信号量类型

信号量类型分：整型信号量、记录型信号量、and 型信号量、信号量集。

（1）整型信号量。整型信号量是一种最简单的信号量，主要用于解决并发程序互斥访问临界资源问题。

最初由 Dijkstra 把信号量定义为一个整型量 s，s 代表信号是否可用，大于 0 时可用，小于等于 0 时不可用。除初始化外，仅能通过两个原语操作 wait（s）和 signal（s）来访问。

wait（s）：　　while s < =0 do no – op；　　//当 s≤0 时，循环检测 s 是否≤0

　　　　　　　　s = s – 1　　　　　　　　　//当 s≥0 时

signal（s）：　s = s + 1

整型信号量的优点是实现简单，但由 wait（s）操作可以看出，当某进程在信号量 s 上执行 P 操作时，如果 s≤0 将在循环语句 while 上陷入"忙等"，不满足"让权等待"准则。

（2）记录型信号量。记录型信号量在整型信号量的基础上进行了改进，让不能进入临界区的进程"让权等待"，即进程状态由执行转换为阻塞状态，进程进入阻塞队列中等待。在采取了"让权等待"策略后，又会出现多个进程等待访问同一临界资源的情况。为此，在信号量机制中，除了需要一个用于代表资源数目的整型变量 value 外，还应增加一个进程链表 L，用于链接上述所有阻塞进程，其包含的两个数据项如下：

记录型信号量的 P、V 操作如下：

$$
\text{struct semaphore } \{
$$

$$
\text{int value；}
$$

queue type L:

}

在执行 P 操作时，先对信号量 s. value 减 1，如果 s. value ≥0 则意味着该进程申请到了资源，可继续执行；否则被阻塞进入阻塞队列，然后调度某一就绪进程执行，实现了进程的让权等待。在执行 V 操作时，先对 s. value 加 1，如果 s. value >0，则进程继续执行；否则调用唤醒原语 wakeup（），唤醒阻塞队列 s. L 中的某个阻塞进程使其变为就绪进程并入就绪队列，然后继续执行进程。

P（semaphore s）:   V（semaphore s）:

{   {

s. value = s. value − 1   s. value = s. value + 1

if（s. value <0）   if（s. value < =0）

{block（s. L）;   {wakeup（s. L）;

将进程插入到阻塞队列；   将进程插入到就绪队列；

}   }

}   }

（3）AND 型信号量。整型信号量和记录型信号量是各进程间共享一种临界资源，如果各进程共享多种临界资源，如有两个进程 A 和 B 共享两种临界资源 D 和 E，设 D 和 E 的互斥信号量分别为 D_{mutex} 和 E_{mutex}，并令初始值为 1，则有：

process A：P（D_{mutex}）；P（E_{mutex}）；

process B：P（D_{mutex}）；P（E_{mutex}）；

如果两个进程的四句按下列次序推进：进程 A：P（D_{mutex}）；进程 B：P（E_{mutex}）；进程 A：P（E_{mutex}）；进程 B：P（D_{mutex}）。显然这种推进次序会使进程 A 和 B 处于僵持状态。在无外力作用下，两者都无法从僵持状态中解脱出来，此时的进程 A 和 B 就进入了死锁状态。而且，共享资源越多，出现死锁的可能性越大。

因此，AND 型信号量同步机制的基本思想是：将进程在运行中所需要的临界资源全部一次性分配给进程，等进程用完后再全部一次释放。即"要么全给，要么一个都不给"。为此，在 P 操作中增加了一个 AND 条件，称为 AND 型信号量机制，或称为同时 wait 操作，即 swait。

P（s_1，s_2，…，s_n）

{

if（s_1 > =1&&…&&s_n > =1;）

{for（i =1；i < =n；i + +）

s_i = −1；

}

```
        else 将该进程放入阻塞队列;
    }
V (s₁, s₂, …, sₙ)
{
    for (i = 1; i < = n; i + +) {
    {
s_i = +1;
唤醒所有因不满足而进入阻塞队列的进程;
    }
}
```

（4）信号量集。在记录型信号量机制中，P 和 V 操作只能对信号量施以加 1 或减 1 操作，这意味着每次只能获得或释放一个单位的临界资源。而当一次需 n 个某类临界资源时，便要进行 n 次 P 操作，显然这是低效的。此外，在有些情况下，当资源数量低于某个下限时，便不予分配。因此，在每次分配时，都必须测试该资源的数量，看是否大于其下限值。基于以上原因，可以对 AND 型信号量同步机制加以扩充，形成一般化的"信号量体"机制。P、V 操作如下，其中 s 为信号量，d 为需求值，t 为下限值。

```
P (s₁, s₂, …, sₙ)
{
    if (s₁ > = t₁&&…&&sₙ > = tₙ)
        {for (i = 1; i < = n; i + +;)
                s_i = s_i − d_i;
        }
    else 将该进程放入阻塞队列;
}
V (s₁, s₂, …, sₙ)
{
    for (i = 1; i < = n; i + +) {
    {
        s_i = s_i + d_i;
        唤醒所有因不满足而进入阻塞队列的进程;
    }
}
```

2.4.2 信号量机制实现互斥

利用 P、V 操作和信号量，可以方便地解决并发进程的互斥问题，而且不会产生使用锁机制解决互斥问题时所出现的"忙等"问题。

设信号量 sem 是用于互斥的信号量，其初始值为 1，表示没有进程占用该临界资源。然后把各进程访问该资源的临界区置于 P（sem）和 V（sem）之间，即可实现进程间的互斥，这种互斥信号量称为公用信号量（Public Semaphore）。当一个进程想要进入临界区时，它必须先执行 P 操作申请进入临界区。在一个进程完成对临界区的操作之后，它必须执行 V 操作以释放它所占用的临界区。由于信号量 sem 的初始值为 1，所以，任一进程在执行 P 操作之后将 sem 的值变为 0，表示该进程可以进入临界区。在该进程未执行 V 操作之前如果有另一进程想进入临界区，也应该先执行 P 操作，从而使 sem 的值变为 −1，因此，第二个进程将被阻塞。直到第一个进程执行 V 操作把 sem 的值变为 0，第二个进程才可被唤醒进入就绪队列，经调度后再进入临界区。在第二个进程执行完 V 操作之后，如果没有其他进程申请进入临界区的话，则 sem 又恢复到初始值。

用 P、V 操作实现两个并发进程 P_A 和 P_B 互斥的过程如下：

P_A：　　　　　　　　　P_B：

P（sem）；　　　　　　　P（sem）；

进程 P_A 的临界区；　　　进程 P_B 的临界区；

V（sem >；　　　　　　　V（sem >；

…　　　　　　　　　　　…

在利用信号量机制实现进程互斥时注意：P、V 操作必须成结出现。缺少 P 操作不能保证对临界资源的互斥访问，缺少 V 操作会使临界资源得不到释放。另外，为了不降低系统并发执行的能力，不要把与共享临界资源无关的语句放入到 P、V 操作中的临界区中。

2.4.3 信号量机制实现同步

利用 P、V 操作和信号量，也可以很方便地解决并发进程的同步问题。

设信号量 S 是针对某个事件用于同步的信号量，其初始值为 0，表示该事件尚未发生。当进程 A 需要等待 S 对应的事件时执行 P 操作，如果此时 S<0 则阻塞该进程，将它挂入 S 的阻塞队列；如果 S=0 则表示事件已发生，该进程可继续执行。当某进程完成了 S 对应的事件时，立即执行 V 操作唤醒 S 的阻塞队列中的某个进程。与互斥时不同的是，这里的信号量只与制约进程及被制约进程有关而不是与整组并发进程有关，这种同步信号量称为私用信号量（Private Semaphore）。

用 P、V 操作实现进程间同步的过程分三步：首先为各并发进程设置私用信号量，然后为私用信号量赋初始值，最后利用 P、V 操作和私用信号量规定各进程间的执行顺序。

例如：有两个并发进程 P_A 和 P_B，P_A 负责从键盘读取数据到缓冲区，P_B 负责从缓冲区取走数据进行计算。这是一个进程同步问题，因为要完成读取数据并计算的工作，P_A 和 P_B 必须要协同工作，P_B 只有等待 P_A 把数据送到缓冲区后才能取走数据进行计算，而 P_A 只有等待 P_B 取走数据后才能再从键盘读数据送入缓冲区，否则，就会出现错误。其同步关系表述如下：

P_A： P_B：

把数据从键盘送到缓冲区；   等待 P_A 发来的"缓冲区已满"信号；

给 P_B 发"缓冲区已满"信号；   取走缓冲区中数据并计算；

等待 P_B 发回"数据已取走"信号；   给 P_A 发"数据已取走"信号；

此时可设两个信号量 sem_1 和 sem_2，且设置它们的初始值为 0。sem_1 表示缓冲区中是否已满，sem_2 表示缓冲区中数据是否已取走。然后用 P、V 操作就可以解决该同步问题。

P_A： P_B：

把数据从键盘送到缓冲区； $P(sem_1)$；

$V(sem_1)$；   取走缓冲区中数据并计算；

$P(sem_2)$； $V(sem_2)$；

2.4.4 信号量机制解决经典进程同步问题

1. 生产者—消费者（Producer—Consumer）问题

生产者—消费者问题是最著名的进程同步问题，常用于检验进程同步机制。

该问题描述如下：一组生产者向一组消费者提供产品，它们共享一个长度为 n 的有界缓冲区，缓冲区中的每个单元能存放一个单位的数据，生产者每次往空单元投放数据，消费者每次从满单元中取走数据。当缓冲区全满时，表示供大于求，生产者等待，并唤醒消费者；当缓冲区全空时，表示供不应求，消费者等待，并唤醒生产者。显然，有界缓冲区是临界资源，所有生产者和消费者都要使用它，且都要改变它的状态，所以对缓冲区的访问必须是互斥的。

为了实现生产者和消费者同步，可设置三个信号量：empty 用于表示空单元的数量（初值为 n），full 表示满单元的数量（初值为 0），mutex 用于实现各进程对缓冲区各单元的互斥访问（初值为 1）。指针 in 和 out 分别指向当前的第一个空单元和第一个满单元。利用信号量来解决生产者—消费者问题过程如下：

生产者：   消费者：

while（true）｛   while（true）｛

生产出一个单位数据；   P（full）；

P（empty）；   P（mutex）；

P（mutex）；   按 out 指点从某单元中取数据；

按 in 指点，将数据投放到某单元；　　　　out = （out + 1） mod n；

in = （in + 1） mod n；　　　　　　　　V （mutex）；

V （mutex）；　　　　　　　　　　　　V （empty）；

V （full）；　　　　　　　　　　　　消费数据；

｝　　　　　　　　　　　　　　　　　｝

2. 读者—写者（Reader—Writer）问题

读者—写者问题为数据库访问建立了一个模型，常用于测试新同步原语。

该问题描述如下：一个数据文件或记录可被多个进程共享，其中有些进程要求读（"读者"），有些进程要求写或修改（"写者"）。显然，允许多个读者同时读一个共享对象，但不允许一个写者和其他进程（读者或写者）同时访问共享对象。例如，一个高铁订票系统，各售票处都可查询和修改系统中所有班车当前订票数的数据库。多个进程同时读是允许的，但如果一个进程正在更新数据库，则所有其他进程都不能访问数据库，即使读进程也不行。因此，读者—写者问题是指保证一个写者进程必须与其他进程互斥地访问共享对象的同步问题。

为了实现读者和写者同步，可设置一个共享变量和两个信号量：共享变量 readcount（初值为 0），用于记录当前正在读文件的读进程数目；读互斥信号量 rmutex（初值为 1），用于使读进程互斥地访问共享变量 readcount；写互斥信号量 wmutex（初值为 1），用于实现写进程与读进程的互斥及写进程与写进程的互斥。当一个读进程要读文件时，应将读进程计数器 readcount 加 1。如果该读进程是第一个读者，还应对写互斥信号量 wmutex 做 P 操作，这样若文件中无写进程则通过 P 操作阻止后续写进程进行写操作；若文件中有写进程，则通过 P 操作让读进程等待。同样地，当一个读进程完成读操作时，应将读进程计数器 readcount 减 1。如果此进程是最后一个读者，还应对写互斥信号量 wmutex 做 V 操作，允许写进程写。利用信号量来解决读者—写者过程如下：

读者：　　　　　　　　　　　　　　写者：

　while （true） ｛　　　　　　　　while （true） ｛

　P （rmutex）；　　　　　　　　　P （wmutex）；

　if （readcount = 0） P （wmutex）；　写文件；

　readcount + + ；　　　　　　　　V （mutex）；

　V （rmutex）；　　　　　　　　　｝

　读文件；

　P （rmutex）；

　readcount − − ；

　if （readcount = 0） V （wmutex）；

　V （rmutex）；

　｝

3. 哲学家进餐问题

哲学家进餐问题是并发进程并发执行时处理共享资源的一个有代表性的问题。

该问题描述如下：有五个哲学家，他们的生活方式是交替地进行思考和进餐。他们分别坐在一张圆桌的五把椅子上，在圆桌上有五个碗和五支筷子，平时哲学家们进行思考，饥饿时便试图拿起其左、右最靠近他的筷子，只有在他拿到两支筷子时才能进餐，进餐完毕，放下筷子又继续思考。显然，筷子是临界资源，同一时间内只能被一个哲学家使用。

为了实现对筷子的互斥使用，可用一个信号量表示一支筷子，由这五个信号量构成了信号量数组 sem stick［5］，所有信号量初值都为 1，即 sem stick［5］＝｛1，1，1，1，1｝；利用信号量来解决第 i 个哲学家进餐问题的过程如下：

第 i 个哲学家：

```
while（true）｛
思考；
P（stick［i］）；
P（stick［（i+1）%5］）；
进餐；
V（stick［i］）；
V（stick［（i+1）%5］）；
｝
```

此解决方法可以保证不会有相邻的两位哲学家同时进餐，但有可能会引起死锁。如果这五位哲学家同时饥饿而各自拿起了左边的筷子，这使五个信号量 stick［i］均为 0，当他们试图去拿起右边的筷子时，都将因无筷子可拿而无限期地等待下去。对于这样的死锁问题，可以采取以下三种改进方法：

（1）至多只允许四位哲学家同时去拿左筷子，最终能保证至少有一位哲学家能进餐，并在用完后释放两只筷子供他人使用。

（2）仅当哲学家的左、右边两支筷子都可用时才允许他拿起筷子进餐。

（3）规定奇数号哲学家先拿左筷子再拿右筷子，而偶数号哲学家相反。这样，任何一个哲学家拿到一支筷子后，就已经阻止了他邻座的一个哲学家吃饭的企图。

任务 2 - 5　掌握进程通信

任务描述

进程是一个独立的单位，拥有独立的内存地址空间。为什么进程之间要进行通信？是如何通信的？

学习目标

- 掌握进程通信的概念
- 了解进程通信的两种类型
- 掌握消息传递通信的两种方式

本任务主要介绍进程通信的概念、进程通信的类型以及消息传递通信。

2.5.1　进程通信的概念

进程通信是指进程之间的信息交换。操作系统中，为了提高资源的利用率和作业的处理速度，常常把一个作业分成若干个可并发执行的进程，这些进程都具有各自的功能且彼此独立地向前推进。但由于它们要合作完成一个共同的作业，所以必须保持一定的联系，以便协调地完成任务。这种联系就是通过交换一定数量的信息来实现的。

2.5.2　进程通信的类型

进程通信所交换的信息量可多可少，其交换的信息量少则是一个状态或数值，多则是成千上万个字节。根据交换信息量的多少和效率的高低可以把进程通信分为低级通信和高级通信。

1. 低级通信

低级通信是指进程之间只是交换一些状态或数值，以达到控制进程执行速度的作用。低级通信方式包括信号通信机制和进程同步机制。

（1）信号通信机制。信号通信机制又称软中断，是一种进程之间进行通信的简单通信机制，通过发送一个指定信号来通知某个异常事件发生，并进行适当处理。

（2）进程同步机制。进程的互斥和同步都可归结于低级通信，其最常用的是信号量机制。在进程互斥中，进程通过修改信号量向其他进程表明临界资源是否可用。在生产者—消费者问题中，生产者通过缓冲区将所生产的产品送给消费者。信号量机制作为同步工具虽然卓有成效，但作为通信工作还不够理想，主要表现在：

①效率低。传送信息量小，每次通信传递的信息量固定，如果传递信息较多则需要进行多次通信。

②通信对用户不透明。共享数据结构的设置、数据的传送、进程的互斥与同步，都必须由程序员去实现，操作系统只提供共享存储器。

③使用不当容易产生死锁。

2. 高级通信

高级通信是用户可直接利用操作系统所提供的一组通信命令，高效地传送大量数据的一种通信方式。在高级通信方式中，操作系统隐藏了进程通信的实现细节。通信过程对用户是透明的。高级通信提高了信息通信的效率，能够交换大量数据，而且减轻了程序编制的复杂性。

目前高级通信机制可归结为三类：共享存储器系统，消息传递系统以及管道通信系统。

（1）共享存储器系统。在共享存储器系统中，相互通信的进程共享某些数据结构或共享存储区，进程之间能够通过它们进行通信。共享存储器又可进一步分成两种类型。

①基于共享数据结构的通信方式。这种通信方式要求各进程共用某些数据结构，进程通过它们交换信息。如在"生产者—消费者问题"中，就是用缓冲区这种数据结构来实现通信的。公用数据结构的设置及对进程间同步的处理都是程序员的职责，操作系统只提供共享存储器。所以，这种通信方式是低效的，只适用于传递相对少量的数据。

②基于共享存储区的通信方式。为了传输大量数据，在存储器中划出一块共享存储区，各进程可通过对共享存储区的数据进行读/写来实现通信。

这种通信方式属于高级通信。进程在通信前，向系统申请共享存储区中的一个分区，并指定该分区的关键字；若系统其他进程分配了这样的分区，则将该分区的描述符返回给申请进程。接着，申请进程把获得的共享存储分区连接到本进程上。此后，进程便可像读、写普通存储器一样地去读、写公用存储分区。

（2）消息传递系统。在消息传递系统中，进程间的数据交换以格式化的消息为单位。程序员直接利用系统提供的一组通信命令（原语）来实现通信。操作系统隐藏了通信的实现细节，大大简化了通信程序编制的复杂性，因而获得广泛的应用。

（3）管道通信系统。管道是指用于连接一个读进程和一个写进程以实现它们之间通信的共享文件，又称 pipe 文件。向管道（共享文件）提供输入的发送进程（写进程）以字符流形式将大量的数据送入管道；而接收管道输入的进程（读进程）可从管道中接收数据。由于发送进程和接收进程是利用管道进行通信的，所以这种通信方式被称为管道通信。

为了协调双方的通信，管道通信机制必须提供以下三方面的协调能力：

①互斥。当一个进程正在对管道执行读/写操作时，其他进程必须等待。

②同步。当写进程把数据写入管道时，便转换为阻塞状态等待，直到读进程取走数据后，再把它唤醒。当读进程读到一空管道时，也应转换为阻塞状态等待，直到写进程将数据写入管道，才将其唤醒。

③判断对方是否存在。只有确定了对方已经存在，才能进行通信。

2.5.3　消息传递通信

消息传递通信在进程之间通信时，源进程可以直接或间接地将消息传送给目的进程，由此可将进程通信分为直接和间接两种方式。

1. 直接通信方式

直接通信方式就是发送进程直接将消息发送给接收进程，并将它挂在接收进程的消息缓冲队列上，接收进程从消息缓冲队列中取得消息。

消息缓冲通信是 Hansen 于 1973 年提出的一种直接通信方式。发送进程在发送消息前，先在自己的内存空间设置一个发送区，把待发送的消息填入其中，然后再用发送过程将其发送出去。接收进程在接收消息之前，先在自己的内存空间设置相应的接收区，然后用接收过程接收消息。由于消息缓冲机制中所使用的缓冲区为公用缓冲区，使用消息缓冲机制传送数据时，两个通信进程必须满足以下条件：

（1）在发送进程把消息写入缓冲区和把缓冲区挂入消息队列时，应禁止其他进程对该缓冲区消息队列的访问。否则，将引起消息队列的混乱。同理，当接收进程正从消息队列中读取消息缓冲时，也应禁止其他进程对该队列的访问。

（2）当缓冲区中无消息存在时，接收进程不能接收到任何消息。

至于发送进程是否可以发送消息，则由发送进程能否申请到缓冲区决定。

设公用信号量 mutex 为控制对缓冲区访问的互斥信号量（初值为1）。设 sm 为接收进程的私用信号量，表示等待接收的消息数目（初值为0）。设发送进程调用过程 send（m）将消息 m 送往缓冲区，接收进程调用过程 receive（m）将消息 m 从缓冲区读往自己的数据区，则 send（m）和 receive（m）可分别描述如下：

send（m）：

{

 向系统申请一个消息缓冲区；

 将发送区消息送入新申请的消息缓冲区；

 P（mutex）；

 把消息缓冲区挂入接收进程的消息队列；

 V（mutex）；

 V（sm）；

}

receive（m）：

{

 P（sm）；

 P（mutex）；

 从消息队列中找到要接收的消息；

 从消息队列中摘下此消息；

 V（mutex）；

 将消息复制到接收区；

 释放消息缓冲区；

}

一般来说，尽管系统中可利用的缓冲区总数是已知的，但由于消息队列是按接收进程排列，所以，在同一时间内，系统中存在着多个消息队列；且这些队列的长度是不固定的。因此，发送过程无法在 send 过程用 P 操作判断信号量 sm。

2. 间接通信方式

间接通信方式是指发送进程将消息发送到某种中间实体中，接收进程从中取得消息。这种中间实体一般称为邮箱，所以这种通信方式也称为邮箱通信方式。

邮箱通信方式的最大好处就是发送进程和接收进程之间没有处理时间上的限制。可把一个邮箱考虑成发送进程与接收进程之间的大小固定的私有数据结构，它不像缓冲区那样被系统中所有进程共享。邮箱由邮箱头和邮箱体组成。其中邮箱头描述邮箱名称、邮箱大小、邮箱方向以及拥有该邮箱的进程名等。邮箱体主要用来存放消息，如图2-11所示。

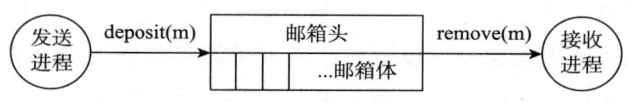

图2-11 邮箱通信结构

对于只有一个发送进程和一个接收进程使用的邮箱，进程间通信应满足以下条件。

（1）发送进程发送消息时，邮箱中至少要有一个空格能存放该消息。

（2）接收进程接收消息时，邮箱中至少要有一个消息存在。

设发送进程调用过程 deposit（m）将消息 m 发送到邮箱，接收进程调用过程 remove（m）将消息 m 从邮箱中取出。另外，为了记录邮箱中空格个数和消息个数，信号量 fromnum 为发送进程的私用信号量（初值为邮箱的空格数），信号量 mesnum 为接收进程的私用信号量（初值为0），则 deposit（m）和 remove（m）可描述如下：

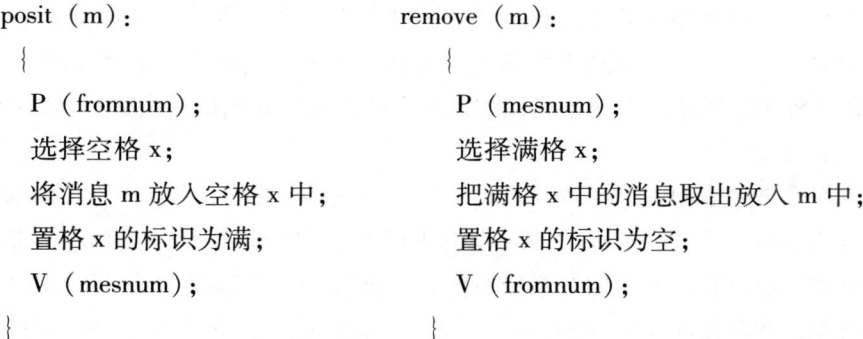

显然，调用过程 deposit（m）的进程与调用过程 remove（m）的进程之间存在着同步制约关系而不是互斥制约关系。另外，在许多时候，存在着多个发送进程和多个接收进程共享邮箱的情况。这时需要对过程 deposit（m）和 remove（m）作相应的改动。

任务2-6 认识线程

任务描述

进程能够并发执行，为什么还要提出线程？两者有什么区别？线程之间是如何同步和通信的？

学习目标

● 认识线程的基本概念

● 了解线程和进程之间的区别

● 掌握线程间的同步和通信

● 了解线程的实现机制

近年来，线程概念得到广泛应用，新推出的操作系统不仅引进了线程的概念，而且在新推出的数据库管理系统和其他应用软件中也都纷纷加入了线程来改善系统性能。本任务主要介绍线程的基本概念、线程间的同步和通信以及线程的实现。

2.6.1　线程的基本概念

1. 线程的引入

操作系统引入进程的目的是使多个程序并发执行以改善资源利用率和系统吞吐量。进程有两个基本属性：①进程是拥有资源的独立单位；②进程同时又是一个可以被处理机独立调度和分配的基本单位。

为了使程序能并发执行，系统必须进行创建进程、撤销进程和进程切换等操作，这要付出很多的时间。所以，在系统中设置的进程的数目不宜过多，进程的切换频率也不宜过高，这就限制了并发程度的进一步提高。为了解决这个问题，有学者提出将进程的两个属性分开，分别交由不同的实体来实现。为此，操作系统设计者引入了线程，让线程去完成第三个基本属性的任务，而进程只完成第一个基本属性的任务。

2. 线程的定义

线程是进程中的一个实体（进程中的一个或多个指令执行流），是被系统独立调度和执行的基本单位。一个标准的线程由线程 ID，当前指令指针（PC），寄存器集合和堆栈组成。线程基本上不拥有系统资源，只拥有一点在运行中必不可少的资源（如程序计数器、寄存器和栈），但它可与同属一个进程的其他线程共享进程所拥有的全部资源。一个线程可以创建和撤销另一个线程，同一进程中的多个线程之间可以并发执行。

多线程是指一个进程中有多个线程，这些线程共享该进程资源。这些资源驻留在相同的地址空间中，共享数据和文件。如果一个线程修改了一个数据项，其他线程可以了解和使用此结果数据。一个线程打开并读一个文件时，同一进程中的其他进程也可以同时读此文件。

3. 线程的管理

与进程一样，线程是一个动态的概念，在各线程之间也存在着共享资源和相互合作的制约关系，由于线程之间的相互制约，线程在运行中呈现出间断性。线程也有就绪、阻塞和运行三种基本状态。就绪状态是指线程具备运行的所有条件，逻辑上可以运行，在等待处理机。运行状态是指线程占有处理机正在运行。阻塞状态是指线程在等待一个事件（如某个信号量），逻辑上不可执行。线程的状态转换是通过相关的控制原语来实现的。常用的控制原语有：创建线程、终止线程、线程阻塞和线程让权等。

（1）创建线程：通过调用过程库中的 thread_create 可以创建线程。使用 thread_

create 时要提供参数—新线程运行的过程名，但没有必要指明新线程的地址空间，因为它自动运行在创建者线程的地址空间内。创建新线程时将为新线稇建立 thread 结构、分配栈结构等。最后把它设置为就绪状态，放入就绪队列。通常，创建线程后要返回新线程的标识符。

（2）终止线程：一个线程完成自己的工作后，通过调用过程库中的 thread_exit 终止自身，其寄存器及堆栈内容被释放。此后，它将从系统中消失，不再被调度。

（3）阻塞线程：一个线程在执行过程中暂停，通过调用过程库户的 thread_wait 以等待某个条件的触发或者某种资源的出现，一旦获得所需资源或者事件信息就自动回到就绪态。

（4）线程让权：当一个线程自愿放弃 CPU，可调用过程 thread_yield 把 CPU 让给另外的线程。

4. 线程与进程的比较

线程具有许多传统进程所具有的特征，故又称为轻型线程或进程元；而把传统的进程称为重型进程。在引入了线程的操作系统中，通常一个进程拥有若干个线程。下面从四个方面来比较线程与进程。

（1）调度。进程是拥有资源的基本单位和独立调度、分派的基本单位。引入线程后，则把线程作为调度和分派的基本单位，而把进程作为资源拥有的基本单位，使传统进程的两个属性分开，线程便能轻装运行，从而可以显著的提高系统并发度。在同一进程中，线程的切换不会引起进程切换，在一个进程中的线程切换到另一进程中的线程时，才会引起进程切换。

（2）并发性。在引入线程的操作系统中，不仅进程之间可以并发执行，而且在一个进程中的多个线程之间亦可以并发执行，因而使操作系统具有更好的并发性，从而能更有效地使用系统资源和提高系统吞吐量。

（3）拥有资源。进程拥有自己的资源，线程基本不再拥有系统资源。

（4）系统开销。在创建或撤销进程时，系统都要为之分配或回收资源（如内存空间，I/O 设备等），而且进程切换时要进行复杂的现场保护和新环境的设置，所以不管是创建、撤销还是切换，进程的系统开销都要远大于线程的系统开销。此外，由于同一进程中的多个线程具有相同的地址空间，它们之间的同步和通信的实现变得比较容易。

2.6.2　线程间的同步和通信

为使系统中的多线程能协调运行，在系统中必须提供用于实现线程间同步和通信的机制。为了支持不同频率的交互操作和不同程度的并行性，在线程操作系统中通常提供多种同步机制，如互斥锁、条件变量、信号量、多读单写锁、管道、套接字、共享内存消息队列等。

1. 互斥锁

互斥锁（Mutex）是一种比较简单、用于实现线程间对资源互斥访问的机制。由于操作互斥锁开销低，因而互斥锁较适合用于高频率使用的关键共享数据和程序段。互斥锁存在开锁和关锁两种状态，当一个线程需要读/写一个共享数据时，线程首先应该为该数据段所设置的 mutex 执行关锁命令。首先判别 mutex 的状态，如果已经处于关锁状态，则访问该数据段的线程将被阻塞；如果 mutex 处于开锁状态，则将 mutex 关上之后进行读/写。完成读/写之后将 mutex 设置成开锁状态，并唤醒阻塞在该互斥锁上的线程。

2. 条件变量

只利用 mutex 来实现互斥访问可能会引起死锁。为此引入条件变量。每个条件变量通常都与一个互斥锁一起使用，在创建一个互斥锁的同时联系一个条件变量。单纯的互斥锁用于短期锁定，主要是保证对临界区的互斥进入，条件变量则用于线程的长期等待，直至等待的资源成为可用的资源。

3. 信号量机制

为提高效率，可为线程和进程分别设置相应的信号量。信号量分为私用信号量和公用信号量两种。

（1）私用信号量。当某线程需要利用信号量来实现同一进程间的各线程同步时，可调用创建信号量的命令来创建私用信号量，其数据结构存放在应用程序的地址空间中。私用信号量属于特定的进程，操作系统并不知道私用信号量的存在。

（2）公用信号量。公用信号量是为实现不同进程间或不同进程间各线程的同步而设置的。它有着一个公开的名字供所有进程使用，其数据结构是存放在受保护的系统存储区中，由操作系统为它分配空间并进行管理，故又称系统信号量。公用信号量是一种比较安全的同步机制。

4. 套接字

套接字（Socket）的功能非常强大，可以支持不同层面、不同应用、跨网络的通信。使用套接字进行通信时，需要双方均创建一个套接字，其中一方作为服务器方，另外一方作为客户方。服务器方必须先创建一个服务器套接字，然后在该套接字上进行监听，等待远方的连接请求。欲与服务器通信的客户则创建一个客户套接字，然后向服务器套接字发送连接请求。服务器套接字收到连接请求后，将在服务器上创建一个客户套接字，与远方的客户机上的客户套接字形成点到点的通信通道。之后，客户端和服务器端就可以通过 send 和 receive 命令在这个创建的套接字通道上进行交流了。

2.6.3 线程的实现

操作系统有多种方式可以实现对线程的支持。主要有以下三种方式。

1. 使用内核线程实现

内核级线程（Kernel – Level Thread，KLT）是指依赖于内核，由操作系统内核完成创建和摊销工作的线程。在支持内核级线程的操作系统中，内核维护进程和线程的上下文信息并完成线程切换工作。一个内核级线程由于 I/O 操作而阻塞时，不会影响其他线程的运行。这时，处理机时间片分配的对象是线程，所以有多个线程的进程将获得更多处理机时间。

2. 使用用户线程实现

用户级线程（User – Level Thread，ULT）是指不依赖于操作系统核心，由应用进程利用线程库提供创建、同步、调度和管理线程的函数来控制的线程。由于用户级线程的维护由应用进程完成，不需要操作内核了解用户级线程的存在，因此可用于不支持内核级线程的多进程操作系统，甚至是单用户操作系统。用户级线程切换不需要内核特权，用户级线程调度算法可针对应用优化。在许多应用软件中都有自己的用户级线程。用户级线程的调度由于在应用进程内部进行，通常采用非抢占式和更简单的规则，也无须用户态/核心态切换，因此速度特别快。当然，由于操作系统内核不了解用户级线程的存在，当一个线程阻塞时，整个进程都必须等待。这时处理机时间片是分配给进程的，进程内有多个线程时，每个线程的执行时间相对就少。

3. 使用用户线程加轻量级进程混合实现

线程除了依赖内核线程实现和完全由用户程序自己实现之外，还有一种将内核线程与用户线程一起使用的实现方式。在这种混合实现下，既存在用户线程，也存在轻量级进程。用户线程还是完全建立在用户空间中，因此用户线程的创建、切换、调度等操作系统开销小，并且可以支持大规模用户线程并发。而操作系统提供支持的轻量级进程则作为用户线程和内核线程之间的桥梁，可以使用内核提供的线程调度功能及处理器映射，且因为用户线程的系统调用要通过轻量级线程来完成，大大降低了整个进程被完全阻塞的风险。

 习题2

一、选择题

1. 在多道程序设计系统中，多个计算问题同时装入计算机系统的主存储器（　　　）。

A. 并发执行　　　　　　　　　　　B. 顺序执行

C. 并行执行　　　　　　　　　　　D. 同时执行

2. 多道程序环境下，操作系统分配资源以（　　　）为基本单位。

A. 程序　　　　　　　　　　　　　B. 指令

C. 进程　　　　　　　　　　　　　D. 作业

3. 下面对进程的描述中，错误的就是（　　　）。

A. 进程是动态的概念　　　　　　　B. 进程执行需要处理机

C. 进程是有生命期的   D. 进程就是指令的集合

4. 操作系统通过（　　）对进程进行管理。

A. JCB   B. PCB

C. DCT   D. CHCT

5. 通常，用户进程被建立后（　　）。

A. 便一直存在于系统中，直到被操作人员撤销

B. 随着作业运行正常或不正常结束而撤销

C. 随着时间片轮转而撤销与建立

D. 随着进程的阻塞或唤醒而撤销与建立

6. 一个进程被唤醒意味着（　　）。

A. 该进程重新占有了 CPU   B. 它的优先权变为最大

C. 其 PCB 移至等待队列队首   D. 进程变为就绪状态

7. 在进程管理中，当（　　）时进程从阻塞状态变为就绪状态。

A. 进程被进程调度程序选中   B. 等待某一事件

C. 等待的事件发生   D. 时间片用完

8. 分配到必要的资源并获得处理机时的进程状态就是（　　）。

A. 就绪状态   B. 执行状态

C. 阻塞状态   D. 撤销状态

9. 一个运行的进程用完了分配给它的时间片后，它的状态变为（　　）。

A. 就绪   B. 等待

C. 运行   D. 由用户自己确定

10. 进程间的同步就是指进程间在逻辑上的相互（　　）关系。

A. 联接   B. 制约

C. 继续   D. 调用

11. 进程控制就是对系统中的进程实施有效的管理，通过使用（　　）、进程撤销、进程阻塞、进程唤醒等进程控制原语实现。

A. 进程运行   B. 进程管理

C. 进程创建   D. 进程同步

12. P、V 操作就是（　　）。

A. 两条低级进程通信原语   B. 两组不同的机器指令

C. 两条系统调用命令   D. 两条高级进程通信原语

13. 若 P、V 操作的信号量 S 初值为 2，当前值为 −1，则表示有（　　）等待进程。

A. 0 个   B. 1 个

C. 2 个   D. 3 个

14. 用 V 操作唤醒一个等待进程时，被唤醒进程的状态变为（　　）。

A. 等待 　　　　　　　　　　　　B. 就绪

C. 运行 　　　　　　　　　　　　D. 完成

15. 对于两个并发进程，设互斥信号量为 mutex，若 mutex = 0，则（　　）。

A. 表示没有进程进入临界区

B. 表示有一个进程进入临界区

C. 表示有一个进程进入临界区，另一个进程等待进入

D. 表示有两个进程进入临界区

16. 设有五个进程共享一个互斥段，如果最多允许有三个进程同时进入互斥段，则所采用的互斥信号量的初值应就是（　　）。

A. 5 　　　　　　　　　　　　　　B. 3

C. 1 　　　　　　　　　　　　　　D. 0

17. 为了进行进程协调，进程之间应当具有一定的联系，这种联系通常采用进程间交换数据的方式进行，这种方式称为（　　）。

A. 进程互斥 　　　　　　　　　　B. 进程同步

C. 进程制约 　　　　　　　　　　D. 进程通信

18. 支持多道程序设计的操作系统在运行过程中，不断地选择新进程运行来实现 CPU 的共享，但其中（　　）不是引起操作系统选择新进程的直接原因。

A. 运行进程的时间片用完 　　　　B. 运行进程出错

C. 运行进程要等待某一事件的发生 　D. 有新进程进入就绪状态

19. 下面说法正确的是（　　）。

A. 不论是系统支持的线程还是用户级线程，其切换都需要内核的支持

B. 线程是资源分配的单位，进程是调度和分派的单位

C. 不管系统中是否有线程，进程都是拥有资源的独立单位

D. 在引入线程的系统中，进程仍是资源调度和分派的基本单位

20. 在多对一的线程模型中，当一个多线程进程中的某个线程被阻塞后（　　）。

A. 该进程的其他线程仍可继续运行　B. 整个进程都将阻塞

C. 该阻塞线程将被撤销　　　　　　D. 该阻塞线程将永远不可能在执行

二、填空题

1. 进程的基本特征有_____、_____、独立性、异步性及结构特征。

2. 信号量的物理意义就是当信号量值大于零时表示_____；当信号量值小于零时其绝对值表示_____。

3. 临界资源的概念就是_____，而临界区就是指_____。

4. 进程在运行过程中有三种基本状态，它们就是_____、_____、_____。

5. 进程主要由_____、_____、_____三部分内容组成，其中_____就

是进程存在的唯一标志，而_____部分也可以为其他进程共享。

6. 系统中各进程之间逻辑上的相互制约关系称为_____。

7. 若一个进程已进入临界区，其他欲进入临界区的进程必须_____。

8. 将进程的_____链接在一起就形成了进程队列。

9. 用 P、V 操作管理临界区时，任何一个进程在进入临界区之前应调用_____操作，在退出临界区时应调用_____操作。

10. 用信箱实现通信时，应有_____与_____两条基本原语。

11. 在多道程序系统中，进程之间存在着的不同制约关系可以划分为两类：_____与_____。_____指进程间具有的一定逻辑关系；_____就是指进程间在使用共享资源方面的约束关系。

12. 有 m 个进程共享同一临界资源，若使用信号量机制实现对临界资源的互斥访问，则信号量值的变化范围就是_____。

13. 设系统中有 n（n > 2）个进程，且当前不再执行进程调度程序，试考虑下述四种情况。

①没有运行进程，有 2 个就绪进程，n 个进程处于等待状态。

②有 1 个运行进程，没有就绪进程，n－1 进程处于等待状态。

③有 1 个运行进程，有 1 个就绪进程，n－2 进程处于等待状态。

④有 1 个运行进程，n－1 个就绪进程，没有进程处于等待状态。

上述情况中，不可能发生的情况就是_____。

14. 在一个单处理机系统中，若有五个用户进程，且假设当前时刻为用户态，则处于就绪状态的用户进程最多有_____个，最少有_____个。

15. 操作系统中，对信号量 S 的 P 原语操作定义中，使进程进入相应等待队列等待的条件就是_____。

16. 下面关于进程的叙述不正确的就是_____。

①进程申请 CPU 得不到满足时，其状态变为等待状态。

②在单 CPU 系统中，任一时刻至多有一个进程处于运行状态。

③优先级就是进行进程调度的重要依据，一旦确定不能改变。

④进程获得处理机而运行就是通过调度而实现的。

17. 信箱逻辑上分成_____与_____两部分。_____中存放有关信箱的描述。_____由若干格子组成，每格存放一信件，格子的数目与大小在创建信箱时确定。

18. 当多个进程等待分配处理机时，系统按一种规定的策略从多个处于_____状态的进程中选择一个进程，让它占有处理机，被选中的进程就进入了_____状态。

19. 操作系统中用于完成一些特定功能的、不可中断的过程称为_____。

20. 一个进程中可以包含_____个线程。

三、简答题

1. 在操作系统中为什么要引入进程概念？它与程序的关系就是怎样的？

2. 为了实现并发进程间的合作与协调工作，以及保证系统的安全，操作系统在进程管理方面应做哪些工作？

3. 进程是否有如下状态转换？为什么？

（1）就绪—运行；

（2）阻塞—运行；

（3）就绪—阻塞。

4. 在一个单 CPU 的多道程序设计系统中，若在某一时刻有 N 个进程同时存在，那么处于运行态、等待态与就绪态进程的最小与最大值分别可能就是多少？

5. 什么是进程的互斥与同步？

6. 设有 n 个进程共享一个互斥段，对于如下两种情况：

（1）如果每次只允许一个进程进入互斥段；

（2）如果每次最多允许 m 个进程（m < n）同时进入互斥段。

试问：所采用的互斥信号量初值就是否相同？信号量的变化范围如何？

7. 同步机制有哪些基本原则？

8. 进程之间存在哪几种相互制约关系？各是什么原因引起的？下列活动分别属于哪种制约关系？

（1）若干同学去图书馆借书；

（2）两队举行篮球比赛；

（3）流水线生产各道工序；

（4）商品生产与社会消费。

9. 在生产者—消费者问题中，若缺省了 V（full）或 V（empty），对进程的执行有什么影响？

10. 在操作系统中引入线程概念的主要目的就是什么？

四、计算题

1. 有一阅览室，共有 100 个座位。为了很好地利用它，读者进入时必须先在登记表上进行登记。该表表目设有座位号和读者姓名，离开时再将其登记项删除。试用信号量和 P、V 操作实现用户进程之间的同步算法。

2. 设公共汽车上，驾驶员和售票员的活动分别如下：驾驶员的活动为启动车辆，正常行车，到站停车；售票员的活动为关车门，售票，开车门。在汽车不断的到站、停车、行驶过程中，这两个活动有什么同步关系？用信号量和 PV 操作实现它们的同步。

3. 桌子上有一只盘子，每次只能放入一个水果。爸爸专向盘中放苹果，妈妈专向盘中放桔子，儿子专等吃盘中的桔子，女儿专等吃盘中的苹果。规定当盘子空时一次只能放一个水果供吃者取用。请利用 P、V 操作实现他们之间的同步。

4. 某工厂有两个生产车间和一个装配车间，两个生产车间分别生产 A，B 两种零件，装配车间的任务是把 A，B 两种零件组装成产品。两个生产车间每生产一个零件都要分别把它们送到专配车间的货架 F_1 和 F_2 上。F_1 存放零件 A，F_2 存放零件 B，F_1 和 F_2 的容量均可以存放 10 个零件。装配工人每次从货架上取一个零件 A 和一个零件 B 后组装成产品。请用 P、V 操作进行正确管理。

5. 复印室有一个操作员为顾客复印资料，有 5 把椅子供顾客休息等待复印。如果没有顾客，则操作员休息。当顾客来到复印室时，如果有空椅子则坐下来，并唤醒复印操作员；如果没有空椅子则必须离开复印室。利用信号量机制解决该同步问题。

项 目 3

处理机调度

　　处理机是系统中最重要的资源，在多道程序设计系统中，内存中有多道程序运行，他们相互争夺处理机这一重要资源。另外，系统进程也同样需要使用处理机。这就要求进程调度程序按一定的策略，动态地把处理机分配给处于就绪队列中的某一个进程，以使之执行。处理机调度就是从就绪队列中，按照一定的算法选择一个进程并将处理机分配给它运行，以实现进程并发地执行。能否提高处理机的利用率以及改善整个系统的性能，在很大程度上取决于处理机调度性能的好坏，因此处理机的管理成为操作系统中的核心问题之一。本项目主要讲述作业调度和进程调度。

任务 3 - 1　掌握处理机调度的概念

任务描述

　　处理机是系统中最重要的资源，操作系统是如何管理处理机的？

学习目标

- 了解处理机调度的层次
- 理解作业与进程的关系
- 掌握选择调度算法的原则

　　在多道程序设计系统中，进程的数目要远远多于处理机的数目，这就要求系统能按某种算法动态地把处理机分配给就绪队列中的一个进程，使之执行。本任务主要介绍处理机调度的层次、作业与进程的关系以及选择调度算法的原则。

3.1.1　处理机调度的层次

　　操作系统中的调度实质上是一种资源分配，处理机调度的主要目的就是为了分配处理机。按照一个作业从进入系统的后备队列，直到最后执行完毕，可能要经历的调度过程，可以把处理机调度的层次分为三级调度：高级调度、中级调度和低级调度。

三级调度如图 3 - 1 所示。

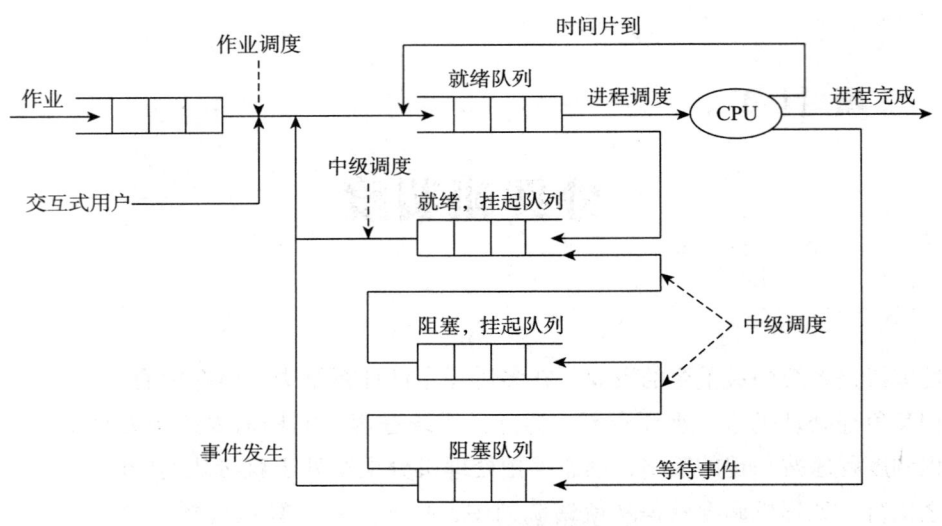

图 3 - 1 三级调度队列模型

1. 高级调度

高级调度又称作业调度或宏观调度。其主要功能是根据一定的算法，从输入的一批作业中选出若干个作业，调入内存，并为它们创建进程，分配必要的资源，然后，再将新创建的进程排在就绪队列上，等待进程调度程序对其执行调度，并在作业完成后做善后处理工作，回收系统资源。在批处理系统中通常需要进行作业调度，而在分时系统及实时系统中就不需要进行作业调度了。

要想实现作业调度，需要解决以下两个问题。

（1）每次能接纳多少作业：即内存中允许多少作业同时运行。接纳作业数太少会使整个系统资源的利用率降低，接纳作业数太多会影响系统的服务质量。应该根据系统的情况，找出一个合适的数目。

（2）挑选什么样的作业进入内存：这是由调度算法来决定的，不同的调度算法选中的作业是不一样的。

2. 中级调度

中级调度又称交换调度。为了使内存中同时存放的进程数目不至于太多，有时就需要把某些进程从内存中移到外存上，以减少多道程序的数目，为此设立了中级调度。特别在采用虚拟存储技术的系统或分时系统中，往往增加中级调度这一级。所以中级调度的功能是在内存使用情况紧张时，将一些暂时不能运行的进程从内存对换到外存上等待。当内存有足够空闲空间时，再将合适的进程重新调入内存，等待进程调度。引入中级调度的主要目的是提高内存的利用率和系统吞吐量。它实际上就是存储器管理中的对换功能。

3. 低级调度

低级调度又称进程调度或微观调度。其主要功能是按照某种原则从处于就绪状态的进程中选取一个进程，把处理机分配给它，使这个进程真正开始执行。执行低级调度功能的程序称为进程调度程序，由它实现 CPU 在进程间的切换。进程调度的频率很高，在分时系统中往往几十毫秒就要运行一次。进程调度是最基本的调度，只有进程调度才能使进程真正得到处理机，其调度策略的优劣直接影响整个系统的性能。

进程调度在执行时可以采用非抢占式和抢占式两种方式。

（1）非抢占式方式。采用这种调度方式时，一旦把处理机分配给某个进程后，便让该进程一直执行，直到该进程终止或阻塞时才把处理机分配给其他进程。这种调度方式的优点是实现简单、系统开销小，适用于大多数批处理系统。但缺点是对于紧急任务，不能满足其立即执行的要求，所以在时间要求较严格的实时系统和部分分时系统中不宜采用。

（2）抢占方式。采用这种调度方式时，把处理机分配给某个进程后，在该进程尚未终止或阻塞时，允许系统调度程序根据某种原则，暂停正在执行的进程，回收已经分配的处理机，并将处理机分配给其他更为紧急的进程。抢占原则包括时间片原则、优先权原则和短进程优先原则等。

在多道批处理系统中，存在着高级调度和低级调度。但是在分时系统中一般只有中级调度和低级调度，这是因为为了缩短响应时间，分时系统不是建立在外存，而是直接建立在内存。在分时系统中，一旦用户和系统的交互开始，用户马上要进行控制，因此，分时系统中没有作业提交状态和后备状态。分时系统的输入信息经过终端缓冲区为系统所接收，或者立即处理，或者经中级调度暂存在外存中。

3.1.2　作业与进程的关系

作业可看作用户对计算机提交任务的任务实体，例如一次计算、一个控制过程等。反过来，进程则是计算机为了完成用户任务实体而设置的执行实体，是系统分配资源的基本单位。显然，计算机要完成一个任务实体，必须要有一个以上的执行实体，也就是说，一个作业总是由一个以上的多个进程组成的。那么，作业怎样被分解为进程呢？首先，系统必须为一个作业创建一个根进程；其后，在执行作业控制语句时，根据任务要求，系统或根进程为其创建相应的子进程；最后，为各子进程分配资源和调度各子进程执行以完成作业要求的任务。

3.1.3　选择调度算法的原则

在一个操作系统中，如何选择调度方式与算法，在很大程度上取决于操作系统的类型和目标。选择调度方式与算法的原则有面向用户的，也有面向系统的。

1. 面向用户的原则

这是为了满足用户的需求所应遵循的一些原则。

（1）周转时间短。周转时间是指从进程提交给系统开始，到进程完成为止的这段时间。周转时间主要包括：作业在外在后备队列上等待调度的时间，进程在就绪队列上等待进程调度的时间，进程在 CPU 上执行的时间，进程等待 I/O 操作完成的时间。它主要用于评价批处理系统。

对每个用户而言，都希望自己进程的周转时间最短。但作为计算机系统的管理者，则希望平均周转时间最短。因为这不仅会提高资源利用率，而且还可使大多数用户感到满意。

（2）响应时间快。响应时间是指从用户通过键盘提交一个请求开始，直到系统首次产生响应为止的时间，即系统在屏幕上显示出结果为止的一段时间间隔。响应时间包括：从键盘输入的请求信息传送到处理机的时间，处理机对请求信息进行处理的时间，以及将所形成的响应信息回送到终端显示器的时间。它主要用于评价分时操作系统。

（3）截止时间的保证。截止时间是指某任务必须开始执行的最迟时间，或必须完成的最迟时间。对于严格的实时系统，其调度方式和调度算法必须保证这一点，否则可能引起灾难性的后果。它主要用于评价实时操作系统。

（4）优先权原则。采用优先权原则，目的是让某些紧急的进程得到及时处理。在要求严格的系统中，还要使用抢占调度方式，才能保证紧急进程得到及时处理。它用于批处理、分时和实时系统中。

2. 面向系统的原则

这是为了满足系统要求所应遵循的一些原则。

（1）系统吞吐量高。系统吞吐量是指单位时间内所完成的作业数。显然，作业的平均长度将直接影响吞吐量的大小。另外，在作业调度的方式与算法，也会对吞吐量产生较大的影响。它主要用于评价批处理系统。

（2）处理机利用率好。对于大中型系统，由于 CPU 的价格昂贵，所以处理机的利用率就成为十分重要的指标。在实际系统中，CPU 的利用率一般在 40% ~ 90% 之间。但该原则一般不适用于微机系统和某些实时系统，主要用于大中型系统。

（3）资源的均衡利用。对于大中型系统，不仅要使处理机利用率高，而且还应能有效地使用其他各类资源，保持系统中各类资源的均衡使用。同样，该原则一般不适用于微机系统和某些实时系统，主要用于大中型系统。

任务3-2 掌握作业管理

任务描述

用户如何向操作系统提交作业？操作系统又如何组织、调度作业进入主存运行？

学习目标

- 掌握作业的概念
- 认识作业控制块
- 掌握作业状态及其转换
- 掌握作业调度的功能、目标、策略与算法

作业管理的基本功能是作业调度和作业控制。系统要在许多作业中按一定策略选取若干个作业，为其分配必要的资源，让其能够同时执行，这就是作业调度。被作业调度选中的作业在执行时可共享系统资源。作业是在操作系统控制下执行的。作业控制包括作业如何输入计算机，当作业被选中后如何控制其执行，在执行过程中如何进行故障处理以及怎样控制计算结果的输出等。本任务主要介绍作业的概念、作业控制块、作业状态及转换、作业调度功能、作业调度目标与性能评价和作业调度算法。

3.2.1 作业的概念

操作系统是为用户使用计算机服务的软件，而为用户服务这一目的是通过为用户作业提供进程服务实现的。操作系统中的作业是一个含义比较广泛的概念，并不限于单纯的计算。例如，打印一个文件、检索一个数据库、发送一个电子邮件等都可视为一个作业。一般把用户在一次解题或一个事务处理过程中要求计算机系统所做工作的集合称为一个作业。

计算机系统在完成一个作业的过程中所做的一项相对独立的工作称为一个作业步，因此，也可以说一个作业是由一系列有序的作业步组成的。例如，在编制程序的过程中，通常包括输入编辑、编译、连接和运行几个步骤，其中的每一个步骤都可以看作是一个作业步。

作业有两种基本类型，分别为脱机作业和联机作业。脱机作业包括批处理作业和后台作业，即在批处理环境下运行的作业和以后台方式运行的作业。联机作业包括终端作业及前台作业，即在分时环境或交互环境下运行的作业和以前台方式运行的作业。

3.2.2 作业控制块

从静态观点来看，作业由用户程序、所需的数据及作业说明书等组成。在批处理

系统中，用户使用操作系统提供的"作业控制语言"为作业执行的意图写一份"作业控制说明书"，连同该作业的源程序和初始数据一同提交给计算机系统，系统通过作业说明书控制文件形式的程序和数据，自动控制作业的执行，用户不再干预。

当一个作业开始由输入设备输入时，系统为其建立一个作业控制块（JCB），并对其进行初始化。初始化所需要的大部分信息取自作业控制说明书，例如作业标识、用户名称、调度参数和资源需求等；其他一些信息由资源管理程序提供，例如作业进入时间等。作业控制块是批处理作业存在的标志，其中保存了系统对于作业进行管理所需要的全部信息，这些信息被保存在磁盘区域中。

作业控制块所包含的信息数量及内容因系统而异，大致包括以下几点。

①作业本身的内容，例如作业的名字、程序作者的名字、创建时间等。

②为实现作业调度所需的信息，例如作业本身的优先数，现在所处的状态，所需处理机时间等。

③作业使用的资源要求，例如作业所需内存的大小、打印机、磁带机等。

④系统指示单元，例如该作业所在外存中的起始地址和长度等信息。

作业完成后，其作业控制块由系统撤销。

作业控制块和作业之间具有一一对应的关系。操作系统可以通过作业控制块了解作业情况、管理作业和控制作业等。每个作业有一个作业控制块，所有作业的作业控制块构成一张作业表。作业表存放在外存的固定区域中，其长度是固定的，这就限制了所能同时容纳的作业数量。

3.2.3 作业状态及转换

一个作业从进入系统到运行结束，一般需要经过提交、收容、运行和完成四个阶段。与其对应，作业在自己的生命期内要处于提交、后备、运行和完成四种状态。作业的状态及其状态变迁过程如图 3-2 所示。

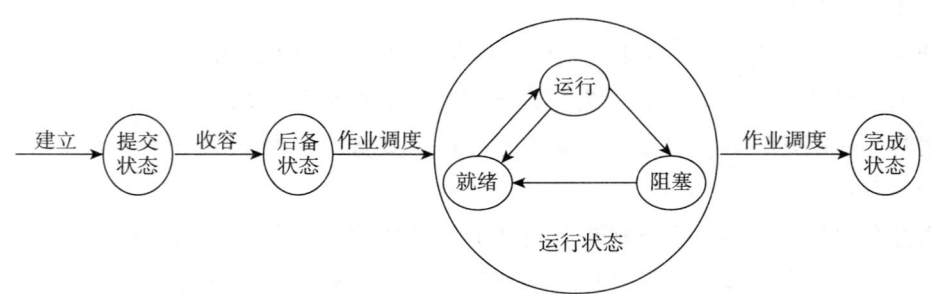

图 3-2　作业的状态及其状态转换

（1）提交状态。提交状态是指一个作业进入辅存的过程。这是作业的一个暂时性状态，这时，作业的信息还没有全部进入系统，系统也没有为它建立作业控制块 JCB，因此感知不到它的存在。

（2）后备状态。后备状态也称"收容状态"。在系统收到一个作业的全部信息后，为它建立作业控制块 JCB，并将 JCB 排到后备作业队列中。这时，它的状态就成为后备状态，作业获得了参与竞争处理机的资格。

（3）运行状态。作业调度程序选中位于后备作业队列中的作业，并分配给它需要的资源，然后调入内存，并为其创建进程。此时，作业处于运行状态，即由作业调度阶段进入进程调度阶段。在此期间，从宏观上看，处于运行状态的多个作业都在运行中；从微观上看，它们有的处于真正运行状态，有的处于就绪状态，有的处于正在等待某事件发生的阻塞状态。

（4）完成状态。作业运行完成，就处于完成状态。它也是一个暂时性状态。系统收回该作业占用的各种资源，撤销作业控制块。

3.2.4　作业调度的功能

系统要在许多作业中按一定策略选取若干个作业，为其分配必要的资源，让其能够同时执行，这就是作业调度，也就是完成作业从后备状态到执行状态和从执行状态到完成状态的转换，通常作业调度程序要完成以下工作：

（1）确定数据结构。系统为每一个已进入系统的作业分配一个作业控制块 JCB。作业控制块记录了每个作业在各阶段的情况（包括分配的资源和状态等），作业调度程序就是凭各个作业的 JCB 提供的信息对作业进行调度和管理的。

（2）确定调度算法。按一定的调度算法，从后备作业队列中挑选一个或几个作业投入运行。即让这些作业由后备状态转为执行状态。这一工作由作业调度程序完成，该程序的调度原则和调度时机通常与系统的设计目标有关，并由许多因素决定。为此，在设计作业调度程序时，必须综合考虑各种因素，确定出合理的调度算法。

（3）分配资源。作业调度程序为被选中的作业分配运行时所需要的系统资源，如主存和外部设备等。作业调度程序在调度一个作业进入主存时，必须为该作业建立相应的进程，并且为这些进程提供所需的资源。对于处理机这一资源，作业调度程序只保证被选中的作业获得使用处理机的资格，对处理机的分配工作则由进程调度程序来完成。

（4）善后处理。在一个作业执行结束时，作业调度程序输出一些必要的信息（如执行时间、作业执行情况等），然后收回该作业所占的全部资源，撤销与该作业有关的全部进程和该作业的作业控制块。

注意，主存和外部设备的分配和释放工作实际上是由存储管理外设管理程序完成的，作业调度程序只是起到控制的作用，即把一个作业的主存、外设要求转给相应的管理程序，由它们完成分配和回收工作。

3.2.5 作业调度目标与性能衡量

从用户的角度出发,用户总希望自己的作业提交后能够尽快地被选中并投入运行。从系统的角度出发,它既要考虑用户的需要,还要考虑系统效率的发挥。所以,作业调度目标有以下几个:

(1)公平对待后备作业队列中的每一个作业;

(2)使进入内存的多个作业能均衡地使用系统中的资源;

(3)力争在单位时间内尽可能多地为作业提供服务,提高系统吞吐量。

由于这些目标的相互冲突,任一调度算法很难同时满足以上目标。另外,如果考虑因素过多,调度算法就会变得很复杂,导致系统开销大,资源利用率下降。因此,多数操作系统都根据用户需要,采用兼顾某些目标的简单调度算法。例如,对于批处理系统,由于对作业的周转时间要求较高,因此作业的平均周转时间或平均带权周转时间就被作为衡量调度算法优劣的标准。而分时系统和实时系统就采用平均响应时间作为衡量标准。

3.2.6 作业调度算法

调度算法实际上就是根据系统的资源策略所规定的资源分配算法。在现有的操作系统中,调度算法多种多样,各有各的优缺点,必须针对不同系统及调度目标,选择不同的调度算法。常用的调度算法有先来先服务调度算法、短进程优先调度算法和高响应比优先调度算法等。

1. 先来先服务(FIFO)调度算法

先来先服务调度算法是一种最简单的算法,系统开销最少。在作业调度中使用该算法时,每次调度是从作业的后备队列中,选择最先进入后备队列的一个或若干个作业,把作业调入内存,分配资源,创建进程。

该算法容易实现,但效率不高,只顾及作业等待时间,没考虑作业运行时间。显然该算法有利于长作业,不利于短作业。有时为了等待长作业的运行,而使短作业的周转时间变得很长,从而使平均周转时间也变长。

【例3-1】表3-1列出了A、B、C、D四个作业分别到达系统的时间、运行时间、开始执行的时间及各自完成的时间,并计算出了各自的周转时间和带权周转时间。

表3-1 先来先服务调度算法

作业名	到达时间	运行时间	开始时间	完成时间	周转时间	带权周转时间
A	0	10	0	10	10	1
B	1	100	10	110	109	1.09

续表

作业名	到达时间	运行时间	开始时间	完成时间	周转时间	带权周转时间
C	2	1	110	111	109	109
D	3	100	111	211	208	2.08

从表 3 - 1 可知，短作业 C 的带权周转时间高达 109，而长作业 D 的带权周转时间仅为 2.08。4 个作业的平均周转时间为 109。

2. 短作业优先（SF）调度算法

短作业优先调度算法是指对短作业优先调度的算法。它是从后备队列中选择一个或若干个估计运行时间最短的作业，将其调入内存，分配资源，创建进程。

该算法照顾到了系统中占大部分的短作业，有效地缩短了作业的平均等待时间，提高了系统的吞吐量，但对长作业不利。

【例 3 - 2】通过表 3 - 2 可对先来先服务与短作业优先算法进行比较。

表 3 - 2　短作业优先调度算法

作业名	到达时间	运行时间	开始时间	完成时间	周转时间	带权周转时间
A	0	10	0	10	10	1
B	1	100	11	111	110	1.1
C	2	1	10	11	9	9
D	3	100	111	211	208	2.08

从表 3 - 2 可知，0 时刻只有作业 A 到达，先执行 A。在 A 执行期间 B、C 和 D 先后到达，当 A 执行完后即可选择短作业 C 先执行，短作业 C 的带权周转时间由先来先服务的 109 降到 9。4 个作业的平均周转时间为 84.25。

虽然短作业优先调度算法对短作业很好，但也存在不少缺点。

（1）该算法对长作业非常不利。更为严重的是，如果在后备队列中含有长作业，但其中总有比其短的作业，可能导致长作业很长时间内得不到调度。

（2）该算法和先来先服务算法一样，没有考虑作业的紧急程度，因而不能保证紧急作业得到及时处理。

（3）由于作业调度的依据是用户提供的估计运行时间，而用户有可能有意或无意地缩短其作业的估计运行时间，导致该算法不一定能真正做到短作业优先调度。

3. 高响应比（HRRN）优先调度算法

高响应比优先调度算法是一种介于先来先服务算法和短作业优先算法之间的折中的算法，它是从后备队列中选择响应比最高的作业，将其调入内存，分配资源，创建进程。

这里把作业进入系统后的等待时间与估计运行时间之和称为作业的响应时间，作业的响应时间除以作业估计运行时间称为响应比。定义如下：

响应比 R = 作业响应时间/作业运行时间 =（等待时间 + 运行时间）/运行时间 = 1 + 等待时间/运行时间

由上式可以看出：

（1）如果作业的等待时间相同，则运行时间越短，其响应比越高。因此，该算法对短作业有利。

（2）当运行时间相同时，作业的响应比取决于等待时间，因而实现的是先来先服务。

（3）对于长作业，当其等待的时间足够长时，其响应比便可以得到提高，从而也可获得调度。

所以，该算法既照顾了短作业，又考虑了作业到达的先后次序，也不会使长作业长期得不到调度，是一个考虑比较全面的算法。但每次调度时，都需要对各个作业计算响应比，系统开销大。

【例3-3】某系统有5个作业，其到达时间和运行时间如表3-3所示。采用响应比高者优先的调度算法，则它们的调度顺序是什么？平均周转时间是多少？

表3-3　高响应比优先算法

进程	到达时间	运行时间/ms
P₁	0	10
P₂	1	1
P₃	2	2
P₄	3	1
P₅	4	5

解：

（1）0时刻P₁运行，10时刻P₁运行完，此时P₂~P₅的响应比分别为：P₂：（1 + 9）/1 = 10，P₃：（2 + 8）/2 = 5，P₄：（1 + 7）/1 = 8，P₅：（5 + 6）/5 = 2.2，因此执行P₂。P₁的周转时间为10。

（2）11时刻P₂运行完，此时P₃~P₅的响应比分别为：P₃：（2 + 9）/2 = 5.5，P₄：（1 + 8）/1 = 9，P₅：（5 + 7）/5 = 2.4，因此执行P₄。P₂的周转时间为10。

（3）12时刻P₄运行完，此时P₃和P₅的响应比分别为：P₃：（2 + 10）/2 = 6，P₅：（5 + 8）/5 = 2.6 因此执行P₃。P₄的周转时间为9。

（4）14时刻P₃运行完，最后执行P₅。P₃的周转时间为12。

（5）19时刻P₅执行完。P₅的周转时间为9。

所以，作业的调度顺序为 $P_1 \rightarrow P_2 \rightarrow P_4 \rightarrow P_3 \rightarrow P_5$，平均周转时间为：（10 + 10 + 12 + 9 + 15）/5 = 56/5 = 11.2。

4. 优先数调度算法

这种算法是根据确定的优先数来选择作业，每次总是选择优先数最高的作业投入运行。优先数包括两种：一种由用户自己提出作业的优先数，称为外部优先数；另一种由系统综合考虑有关因素来确定用户作业的优先数，称为内部优先数。例如，根据作业的紧急程度、作业类型、作业运行时间、I/O 量的多少、资源申请情况等确定优先数。用优先数调度的作业，在执行过程中，系统还可按作业发生的事件动态改变其优先数。

5. 分类调度算法

分类调度算法预先按一定的原则把作业划分成若干类，作业调度时轮流从这些不同的作业类中选择作业，以达到均衡地使用各种系统资源和兼任作业长短的目的，力求使用户满意。分类原则包括：作业计算时间、对内存的需求、对外围设备的需求等。作业调度时还可以为每类作业设置优先级，从而照顾到同类作业中的优先级较高的作业。

任务 3 - 3　掌握进程调度

任务描述

引入进程调度的目的是按照某种原则决定就绪队列中的哪个进程能获得处理器，并将处理器分配使其执行。那么，什么时候会引起进程调度？操作系统是如何在进程之间分配处理器时间的？

学习目标

- 认识进程调度的功能
- 了解进程调度的时机
- 了解进程调度性能评价方法
- 掌握常见的进程调度算法

现代操作系统中，处理机的分配和运行都是以进程为基本单位，因而对处理机的管理也可以视为对进程的管理。处理机管理的主要任务，是对处理器进行分配，并对其进行有效地控制和管理。本任务主要介绍进程调度的功能、时机、性能评价和进程调度算法。

3.3.1　进程调度的功能

在多道程序系统下，用户进程数目往往多于处理机数，这使进程为了运行而相互争夺处理机。此外，系统进程也同样需要使用处理机。因此，操作系统需要按一定的策略动态地把处理机分配给就绪队列中的某个进程，以便让它运行。处理机的分配由进程调度程序完成。进程调度程序主要完成以下功能：

1. 记录系统中所有进程的执行情况

作为进程调度的准备，进程调度程序必须把系统中各进程的执行情况和状态特征记录在各进程的 PCB 中，同时还应根据各进程的状态特征和资源需求信息将进程的 PCB 组织成相应的队列，并根据情况将进程的 PCB 放在不同状态队列之间转换。进程调度程序通过 PCB 的转化来掌握系统中所有进程的执行情况和状态特征。

2. 决定分配策略

在处理机空闲时，根据一定的策略选取一个进程去运行，同时确定获得处理机的时间。分配策略实际上是由队列排序原则体现的，如按先来先服务原则，则按进程来到的先后次序排序；如按优先调度原则，则进程就绪队列按优先级高低排序。当处理机空闲时，只要选择队首元素就能满足确定的调度原则。

3. 完成处理机的分配

进行调度程序负责进程上下文的切换。进程上下文是指由正文段、数据段、硬件寄存器的内容及有关的数据结构组成的环境，在发生进程调度时，系统必须要做上下文的切换，包括：

（1）决定上下文切换的时机；

（2）保存当前执行进程的上下文；

（3）使用合适的调度算法，选择一个处于就绪状态的进程；

（4）装配所选进程的上下文，将 CPU 控制权交给所选进程。

4. 完成处理机的回收

当某一处于运行态的进程由于某种原因要让出处理机时，应将该进程的状态改为"阻塞"，并插入到相应队列中，还须保留该进程的 CPU 现场。

3.3.2 进程调度的时机

进程调度时间与引起进程调度的原因以及进程调度的方式有关。引起进程调度的原因有以下几类。

（1）正在执行的进程结束。因任务完成正常结束或因出现错误异常结束。这时，为了不浪费处理机资源，应马上选择新的就绪进程执行。

（2）执行中进程被阻塞。正在执行中的进程自己调用阻塞原语将自己阻塞起来；或正在执行中进程调用了 P 操作，从而因资源不足而被阻塞，或调用了 V 操作激活了等待资源的进程队列；执行中进程提出 I/O 请求后被阻塞等。

（3）在分时系统中时间片已经用完。

（4）执行完系统调用，在系统程序返回用户进程时，可认为系统进程执行完毕，从而可调度选择一新的用户进程执行。

（5）在可剥夺方式下，就绪队列中的某进程的优先级变得高于当前执行进程的优先级，也将引起进程调度。

3.3.3 进程调度性能评价

进程调度虽然是在系统内部的低级调度，但进程调度的优劣直接影响作业调度的性能。反映作业调度优劣的周转时间和平均周转时间只在某种程度上反映了进程调度的性能，例如，执行时间实际上包含有进程等待时间（包括就绪状态时的等待），而进程等待时间的多少是要依靠进程调度策略和等待事件何时发生等来决定的。因此，进程调度性能的衡量是操作系统设计的一个重要指标。

进程调度性能的衡量方法可分为定性和定量两方面。定性上，首先是调度的可靠性，如一次进程调度是否可能引起数据结构的破坏等，这要求我们对调度时机的选择和保存 CPU 现场务必谨慎；其次是调度的简洁性，调度程序的执行涉及多个进程和必须进行上下文切换，调度程序越复杂系统开销越大，在用户进程调用系统调用较多的情况下，会造成响应时间大幅度增加。定量上，包括处理机利用率、作业吞吐量、进程在就绪队列中的等待时间、系统响应时间等。

3.3.4 进程调度算法

在现在所有的操作系统中都要涉及进程调度，要根据系统的资源策略使用合适的资源分配算法。在操作系统中存在着多种调度算法，有的适用于作业调度，有的适用于进程调度，也有的对两者都适用。常用的进程调度算法包括以下几种。

1. 先来先服务（FIFO）调度算法

在进程调度中，先来先服务调度算法每次调度都是从就绪队列中选择一个最先进入就绪队列的进程，把处理器分配给它，使其投入运行，该进程一直运行下去，直到完成或因某种原因而阻塞才释放处理器。

该算法是一种非抢占式的算法，容易实现，但效率低，比较有利于长进程，而不利于短进程。另外，这种算法没考虑进程的优先级，所以，很少被单独使用，一般与其他调度策略结合使用。

2. 短进程优先（SJF）调度算法

在进程调度中，短进程优先调度算法每次从就绪队列中选择一个估计运行时间最短的进程，将处理器分配给它，使其投入运行，该进程一直运行下去，直到完成或因某种原因而阻塞才释放处理器。

该算法照顾到了系统中占大部分的短进程，有效缩短了进程的平均等待时间，提高了系统的吞吐量，但不利于长进程，可能导致长进程很长时间内得不到调度，甚至一直得不到调度，这种现象称为"饿死"。

3. 高响应比（HRRN）优先调度算法

在进程调度中，高响应比优先算法每次从就绪队列中选择一个最高响应比的进程，将处理器分配给它，使其投入运行，该进程一直运行下去，直到完成或因某种原因而阻塞才释放处理器。

4. 优先级调度算法

优先级调度算法又称优先权调度算法。在进程调度中，优先级调度算法每次从就绪队列中选择优先级最高的进程，将处理器分给它，使其投入运行。此时，就绪队列应该按照进程的优先级大小来排列。根据进程调度方式不同，又可以将该调度算法分为非抢占式优先级调度算法和抢占式优先级调度算法。

（1）非抢占式优先级调度算法是系统把处理器分配给就绪队列中优先级最高的进程后，该进程一直运行下去，直到完成或因某种原因而阻塞才释放处理器。

（2）抢占式优先级调度算法是把处理器分配给就绪队列中优先级最高的进程后，该进程运行过程中，一旦出现了另一个优先级更高的进程，进程调度程序就停止当前进程的运行，将处理器分配给新出现的高优先级进程。这种方式实际上永远都是系统中优先级最高的进程占用处理器运行。因此，它能更好地满足紧急进程的要求，故常用于要求比较严格的实时系统中，以及对性能要求较高的批处理和分时系统中。

进程的优先级表示进程的重要性以及运行的优先性。优先级调度算法的关键在于是采用静态优先权，还是动态优先权，以及如何确定进程的优先权。

①静态优先权。静态优先权是在创建进程时确定的，并且在整个运行期间保持不变。一般来说，优先权是利用某个范围内的一个整数表示，如 0～7 或 0～255 中的某个整数，所以又称优先数。在使用时，有的系统用 0 表示最高优先权，数值越大优先权越小，有的系统则相反。

确定静态优先权的依据有以下几个方面。

进程的类型。通常系统进程的优先权高于用户进程。

进程对资源的需求。进程在运行期间所需要的资源（运行时间、内存等）越少，则其优先权越高。

用户要求。系统可以按用户提出的要求设置进程优先权。

②动态优先权。动态优先权是指在创建进程时所赋予的优先权，可以随着进程的推进而发生改变，以便获得更好的调度性能。在就绪队列中等待调度的进程，其优先级可以随着等待时间的增加而逐步增加。优先级初值很低的进程，在等待足够长的时间后也有机会获得调度。同样地，运行中的进程，其优先级随着占用处理器的时间增长而逐步降低，使其优先权不再是最高，从而暂停其运行，将处理器回收并分配给其他优先级更高的进程，这样能防止一个长进程长期占用处理器的现象。

5. 时间片轮转（RR）调度算法

时间片轮转调度算法常用于分时系统中，系统把所有就绪进程按先进先出的规则排列成一个队列，选取队列中的第一个进程投入运行，并规定一定的固定的时间单位（时间片，如100ms），当进程运行完一个时间片时，调度程序便将其送至就绪队列末尾，再把处理器分配给就绪队列的队首进程。时间片长短的确定应遵循这样的原则：既要保证系统各个用户进程及时地得到响应，又不要由于时间片太短而增加调度的开销，降低系统的效率。

就绪队列中的进程在依次执行时，可能发生以下三种情况：①进程未用完一个时间片便结束，这时系统应提前进行调度；②进程在执行过程中提出I/O请求而阻塞，系统应将其放入相应的阻塞队列并引起调度；③进程用完一个时间片后尚未完成，系统应将其重新放到新就绪队列的末尾，等待下次执行。

6. 多级反馈队列调度算法

在时间片轮转法中，进程在就绪队列的情况有三种：一种是新创建的进程在等待进程调度；一种是进程已经被调度执行过，但还没执行完，等待下一次调度；还有一种是正在执行的进程还没用完时间片，因请求I/O、等待I/O完成等原因被迫放弃CPU，当等待原因解除后又一次进入就绪队列等待执行。对于这三种进程情况，系统通常设置多个就绪队列，且进程在其生命期内可能在多队列中存在。通常刚创建的进程和因请求I/O未用完时间片的进程排在最高优先级队列，在这个队列中运行2～3个时间片还没完成的进程进入下一个较低优先级队列。这样，系统可设置n个优先级队列。系统调度时，总是先调度最高优先级的队列，仅当该队列为空时，才调度次高级优先级队列。依此类推，第n个队列进程被调度时，必须是前n－1个队列为空。无论什么时候，只要较高优先级队列有进程加入，立即转到进程调度，及时调度较高优先级队列进程。多级反馈队列调度模型如图3－3所示。

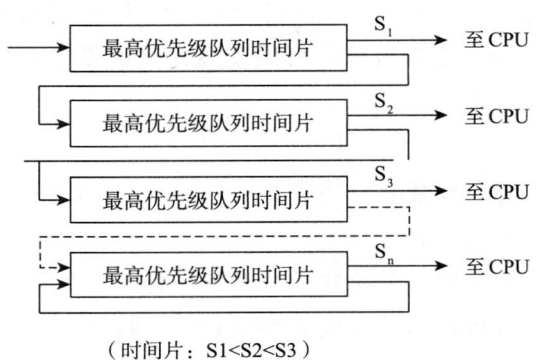

（时间片：S1<S2<S3）

图3－3　多级反馈队列调度模型

该算法是优先级调度算法和时间片轮转调度算法的综合和发展，通过动态调整进程优先级和时间片大小，可以兼顾多方面的系统目标，能较好地满足各类用户进程的要求。例如，为提高系统吞吐量和缩短平均周转时间而照顾短进程；为获得较好的I/O设备利用率和缩短响应时间而照顾I/O型进程等。而且，该算法不必事先估计进程的执行时间。

任务 3 – 4 认识死锁

任务描述

在操作系统中，解决死锁是一个很重要的问题。为什么会引起死锁？如何解决死锁问题？

学习目标

- 掌握死锁的定义
- 了解引起死锁的原因和必要条件
- 掌握解决死锁的方法

在多道程序系统中，有多个并发进程运行，共享系统资源，提高了资源利用率和系统吞吐量。但如果对资源的分配和管理不当，或者在进程使用某种同步或通信工具发送、接收时次序安排不当，则有可能产生死锁。本任务主要介绍死锁的概念、产生死锁的原因和必要条件以及处理死锁的方法（预防、避免、检测和解除死锁等）。

3.4.1 死锁的基本概念

1. 死锁的定义

死锁是进程死锁的简称，是由 Dijkstra 于 1965 年研究银行家算法时首先提出来的。它是计算机系统乃至并发程序设计中最难处理的问题之一。死锁是指两个或两个以上的进程在执行过程中，由于竞争资源或者由于彼此通信而造成阻塞，若无外力作用，它们都将无法继续执行的现象。

2. 产生死锁的原因

（1）竞争资源。当系统中供多个进程共享的资源，不足以同时满足各进程的需求时，会引起它们对资源的竞争而产生死锁。

系统中的资源可分为可剥夺资源和不可剥夺两类。可剥夺资源是指某进程在获得这类资源后，该资源可以再被其他进程或系统剥夺。例如，优先权高的进程可以剥夺优先权低的进程的处理机。又如，内存区可由存储器管理程序，把一个进程从一个存储区移到另一个存储区，即剥夺了该进程原来占有的存储区，甚至可将一进程从内存调到外存上。可见，CPU 和主存均属于可剥夺资源。不可剥夺资源是当系统把这类资源分配给某进程后，再不能强行收回，只能在进程用完后自行释放，如磁带机、打印机等。

可剥夺资源的共享一般不会导致死锁。但系统中所配置的非剥夺资源，由于它们的数量不能满足进程运行的需要，会使进程在运行过程中，可能因争夺这些资源而陷入死锁。

例如，如图 3-4 所示，系统中只有一台打印机 R_1 和一台磁带机 R_2，可供进程 P_1 和 P_2 共享。假设 P_1 已占用了打印机 R_1，P_2 已占用了磁带机 R_2，如果 P_1 提出申请使用资源 R_2，P_2 提出申请使用资源 R_1，这时就在 P_1 和 P_2 之间就形成了死锁，两个进程都在等待对方释放自己所需要的资源，但是它们又都因不能继续获得自己所需要的资源而不能继续推进，从而也不能释放自己所占有的资源。

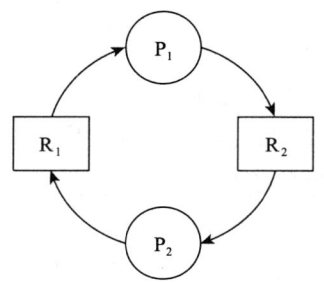

图 3-4　竞争资源产生的死锁

（2）进程推进顺序不当。进程在运行过程中，请求和释放资源的顺序不当，也可能引起死锁。例如，如图 3-5 所示，进程 P_1 要先接收 P_3 发来的数据 S_3，再发送数据 S_1 给 P_2；进程 P_2 要先接收 P_1 发来的数据 S_1，再发送数据 S_2 给 P_3；进程 P_3 要先接收 P_2 发来的数据 S_2，再发送数据 S_3 给 P_1。这时导致三个进程都无法执行，产生死锁。

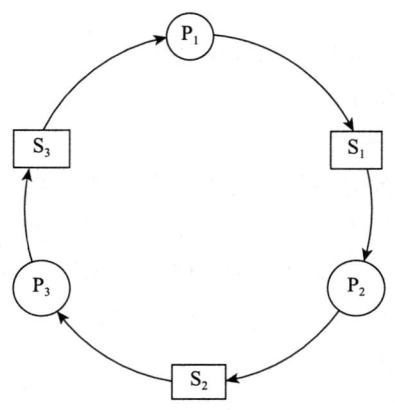

图 3-5　进程通信时出现的死锁

3. 产生死锁的必要条件

虽然进程在运行过程中，可能发生死锁，但死锁的发生也必须具备一定的条件，死锁的发生必须具备以下四个必要条件。

（1）互斥条件。进程对所分配到的资源进行排他性使用，即在一段时间内某资源只由一个进程占用。如果此时还有其他进程请求资源，则请求者只能等待，直至占有资源的进程用完释放资源。

（2）请求和保持条件。进程已经保持至少一个资源，但又提出了新的资源请求，而该资源已被其他进程占有，此时请求进程阻塞，但又对自己已获得的其他资源保持不放。

（3）非剥夺条件。进程已获得的资源，在未使用完之前，不能被剥夺，只能在使用完时由自己释放。

（4）环路等待条件。在发生死锁时，必然存在一个进程—资源的环形链，链中每个进程都占有着某些资源，又在等待被链中另一进程所占有的资源。

4. 解决死锁的基本方法

目前用于解决死锁的方法有以下三种。

（1）预防死锁。通过设置某些限制条件，以破坏产生死锁的四个必要条件中的一个或几个，防止发生死锁。预防死锁是一种比较可取的方法，已经得到广泛应用，但可能导致系统资源利用率低。

（2）避免死锁。在资源动态分配过程中，采用某种方法防止系统进入不安全状态，以避免死锁的发生。这种方法可获得较高的资源利用率。

（3）检测及系统恢复。允许系统运行过程中出现死锁。但通过系统设置的检测机构，可以及时检测出发生的死锁，并确定与死锁有关的进程和资源，然后采取适当措施，解除死锁，使系统恢复。

3.4.2　预防死锁

根据产生死锁的四个必要条件，只要使其中一个条件不能成立，死锁就不会出现。为此，可以采用下面三种预防措施。

1. 防止"请求和保持"条件的出现

系统要求任一进程必须预先申请它所需要的全部资源，而且仅当该进程的全部资源要求都能得到满足时，系统才给予一次性分配，使其投入运行。进程在整个生命期间，不再请求新的资源。因此只要"请求和保持"条件不会出现，死锁也就不会发生。

该措施实际上采用的是资源的静态预分配策略，其优点是简单安全，易于实现。缺点是太保守，资源利用率低。

2. 防止"非剥夺"条件的出现

在允许进程动态申请资源的前提下，规定一个进程在请求新资源不能立即得到满足而变为阻塞状态之前，必须释放已占有的全部资源。如果需要，再重新申请新资源和已释放的资源。也就是说，一个进程在使用某资源过程中可以暂时放弃该资源，允许其他进程使用，从而避免了"非剥夺"条件的出现。

3. 防止"环路等待"条件的出现

采用资源顺序使用法，把系统中所有资源按类型线性排队，并按递增规则赋予每类资源唯一编号。进程申请资源时，必须严格按资源编号的递增顺序申请，否则系统不予分配。由于在任何时刻，总有一个进程占有较高编号的资源，它继续请求资源的要求必然可获满足，因此，就不会出现"环路等待"条件。

该措施的优点是，资源的申请与分配是逐步进行的，比预分配措施的资源利用率高。但实际上有些进程使用资源的顺序往往与系统规定的不一致，于是某些暂时不用的资源要先申请，先占住又不使用，因此降低了资源利用率。另外，严格限制资源的请求顺序，也给程序设计带来了不便。同时，对资源的分类编号也花费一定的系统开销，并限制了新设备类型的增加。

对于产生死锁的"互斥"条件，由于受到资源本身固有特性的限制，有些资源根本不能同时访问。所以对临界资源的"互斥"条件，不仅不能改变，还应加以保证。

3.4.3 避免死锁

预防死锁的几种方法都施加了较强的限制条件，虽然实现起来相对简单，但却严重影响系统性能。死锁避免的基本思想是系统对进程发出的每一个合法的资源申请进行动态检查，并根据检查结果决定是否分配资源；如果分配后系统可能发生死锁，则不予分配，否则予以分配。这是一种保证系统不进入死锁状态的动态策略。死锁避免所施加的限制较弱，因此能获得较好的系统性能。

1. 安全状态与不安全状态

为了避免死锁，把系统状态分为安全状态和不安全状态，避免死锁就是避免系统进入不安全状态。

安全状态是指系统能按某种顺序为每个进程分配所需资源，直到满足每个进程对资源的最大需求，使每一个进程都可以顺利完成。如果系统找不到这样一个安全序列，则称系统处于不安全状态。虽然并非所有不安全状态都会发生死锁，但当系统进入不安全状态后，便很有可能发生死锁。

因此，只要系统处于安全状态就可避免发生死锁。每当有进程提出资源申请时，系统可以通过检查各个进程已占有的资源数目、尚需资源的数目以及系统中可以分配的剩余资源数目，来决定是否为当前提出申请的进程分配资源。

2. 利用银行家算法避免死锁

Dijkstra 的银行家算法是最著名的避免死锁算法。该算法把操作系统比作一个银行家，操作系统管理的各种资源比作银行的可周转的借贷资金，而申请资源的进程则比作借贷客户。如果每个客户的借贷总额不超过银行的可借贷资金总数，而且在有限的时间内银行可收回借出的全部贷款，那么银行就可以满足借贷要求，把钱借给用户，否则应拒绝客户要求。

（1）银行家算法采用的数据结构。设 n 是系统中的进程数（客户），m 是系统中的资源类数（资金）。为了实现多种资源的银行家算法，系统要设置若干数据结构，这些数据结构均随时间的推移而变化。

- 可用资源向量 Available（剩余资源数向量）：长度为 m，向量元素 Available [j] 为系统中资源类 r_j 的当前可用数。

- 最大需求向量 Max：是一个 n 行 m 列的二维数组。向量元素 Max [i，j] 为进程 P_i 关于资源类 r_j 的最大需求数。每个进程必须预先申报其最大需求向量。

- 已分配资源向量 Allocation：是一个 n 行 m 列的二维数组。向量元素 Allocation [i，j] 是进程 Pi 关于资源类 r_j 的当前占用数。

- 还需资源向量 Need：是一个 n 行 m 列的二维数组。向量元素 Need [i，j] 是进程 P_i 还需要的资源类 r_j 的单位数。显然，Need [i，j] = Max [i，j] – Allocation [i，j]。

（2）银行家算法的实现思想。令 Request$_i$ 是长度为 m 的向量，是进程 P_i 的资源请求向量。元素 RR$_i$ [j] 是进程 P_i 希望请求分配的资源类 r_j 的单位数（j = 1，2，……，m）。当进程 P_i 向系统提交一个资源请求向量 Request$_i$ 时，系统调用银行家算法执行下述工作。

1）如果 Request$_i$ > Need$_i$，进程 P_i 请求的资源类 r_j 的数量大于它的最大需求量，请求无效并做出错处理。否则，继续下一步。

2）如果 Request$_i$ > Available，即系统不能满足当前请求，则进程 P_i 必须等待。否则进行下一步。

3）系统进行假分配，即对资源分配状态作如下修改：Available = Available – Request$_i$；Allocation$_i$ = Allocation$_i$ + RR$_i$；Need$_i$ = Need$_i$ – Request$_i$；

4）调用安全算法检查修改后的现行状态是否安全。安全算法描述如下。

①设置两个向量：工作向量 Work，表示系统可提供给进程继续运行所需各类资源数量，Work 长度为 m，执行安全算法检查时，Work = Available；Finish 表示系统是否有足够的资源分配给进程使之运行完成，Finish 长度为 n，开始时先设 Finish [i] = 0，当有足够的资源分配给进程时，令 Finish [i] = 1；

②找到一个 i（1 < = i < = n），有 Finish [i] = 0，且 Need$_i$ < = Work。如果没有这样的 i，则转去执行步骤④。

③执行 Work = Work + Allocation$_i$（当前进程拿到资源并执行后，释放其所有资源）；Finish [i] = 1；并转去执行步骤②。

④对任意的 i，若 Finish [i] = 1，则现行状态是安全的。否则是不安全的。

5）如果假分配后资源分配状态仍是安全的，就实施分配以满足进程 P_i 的当前资源请求。否则系统拒绝分配，恢复假分配前的资源分配状态，并令进程 P_i 等待。

（3）银行家算法实例。例：假定系统中有五个进程 P_1、P_2、P_3、P_4、P_5 和三类资源 R_1、R_2、R_3，每类资源的数量分别是 10、5、7，在某一时刻资源分配情况如表3 – 4 所示。现假定进程 P_2 提出资源请求为 Request$_2$ = （1，0，2），请问能否分配？

表 3 - 4　资源分配表

资源 进程	Max			Allocation			Need			Available		
	R_1	R_2	R_3	R_1	R_2	R_3	R_1	R_2	R_3	R_1	R_2	R_3
P_2	7	5	3	0	1	0	7	4	3	3	3	2
P_3	3	2	2	2	0	0	1	2	2			
P_4	9	0	2	3	0	2	6	0	0			
P_5	2	2	2	2	1	1	0	1	1			
P_1	4	3	3	0	0	2	4	3	1			

解：银行家算法的执行过程如下。

1）$Request_2 \leqslant Need_2$，即（1，0，2）$\leqslant$（1，2，2），继续下一步。

2）$Request_2 \leqslant Available$，即（1，0，2）$\leqslant$（3，3，2），继续下一步。

3）进行假分配：$Available = Available - Request_2 =$（3，3，2）－（1，0，2）＝（2，3，0）；$Allocation_2 = Allocation_2 + Request_2 =$（2，0，0）＋（1，0，2）＝（3，0，2）；$Need_2 = Need_2 - Request_2 =$（1，2，2）－（1，0，2）＝（0，2，0）。

4）执行安全算法：

①$Work = Available =$（2，3，0）；Finish［i］＝0（i＝1，2，……，n）；

②有 Finish［2］＝0 且 $Need_2 \leqslant Work$，即（0，2，0）$\leqslant$（2，3，0），故 $Work = Work + Allocation_2 =$（5，3，2）；Finish［2］＝1；

③有 Finish［4］＝0 且 $Need_4 \leqslant Work$，即（0，1，1）$\leqslant$（5，3，2），故 $Work = Work + Allocation_4 =$（7，4，3）；Finish［4］＝1；

④有 Finish［5］＝0 且 $Need_5 \leqslant Work$，即（4，3，1）$\leqslant$（7，4，3），故 $Work = Work + Allocation_5 =$（7，4，5）；Finish［5］＝1；

⑤有 Finish［1］＝0 且 $Need_1 \leqslant Work$，即（7，4，3）$\leqslant$（7，4，5），故 $Work = Work + Allocation_1 =$（7，5，5）；Finish［1］＝1；

⑥有 Finish［3］＝0 且 $Need_3 \leqslant Work$，即（6，0，0）$\leqslant$（7，5，5），故 $Work = Work + Allocation_3 =$（10，5，7）；Finish［3］＝1；

得到安全序列｛P_2，P_4，P_5，P_1，P_3｝，故状态是安全的。

5）于是进程 P_2 的资源请求可以满足，系统可以分配给 P_2 本次所请求的资源。

3.4.4　检测和解除死锁

当系统为进程分配资源时，如果没有采取任何限制措施来保证不进入死锁状态，则系统必须提供检测和解除死锁的方法。为此，系统必须保存有关资源的请求和分配信息，并提供一种算法，以检测系统是否已进入死锁状态，如果发现有进程进入死锁状态，便应立即将其从死锁状态中解脱出来。

1. 检测死锁

（1）资源分配图。死锁可以利用资源分配图（RAG）来描述。该图由一组方框、圆圈和箭头组成，如图3-6所示。

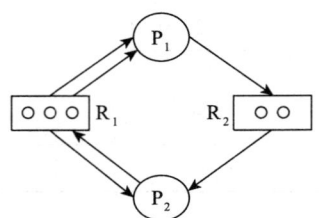

图3-6　资源分配图

资源分配图采用的图素有以下几个。

方框，表示资源。有几类资源就画几个方框，方框中的小圆圈表示该类资源的个数。

圆圈，表示进程。有几个进程就画几个圆圈。

箭头线，表示资源的分配与申请。由方框指向圆圈的箭头表示资源的分配线，由圆圈指向方框的箭头表示进程资源的请求线。

在图3-6中，P_1进程已经获得了两个R_1资源，并请求一个R_2资源；P_2进程已经获得了一个R_2资源和一个R_1资源，并请求一个R_1资源。

（2）死锁原理。在检测死锁时，可以利用简化资源分配图的方法来判断系统当前是否处于死锁状态，步骤如下。

①在资源分配图中，找出一个既非阻塞又非孤立的进程结点P_i。如果P_i可以获得其所需的资源而继续执行，直到运行完毕，就可以释放其所占有的全部资源。这样，就可以把与P_i有关联的所有资源分配线和资源请求线消除，使之成为孤立的点，如图3-7所示。

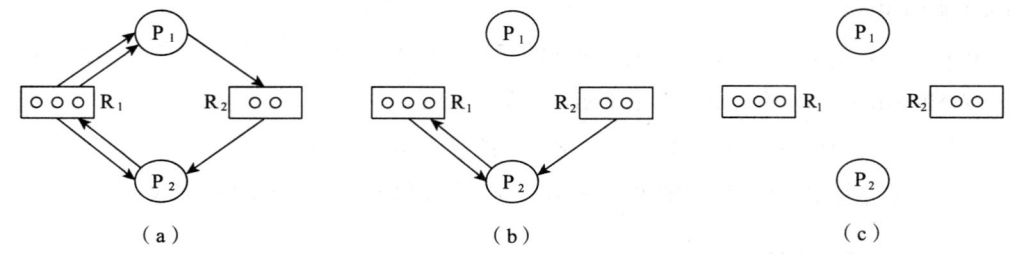

（a）　　　　　　　　　　（b）　　　　　　　　　　（c）

图3-7　资源分配图的简化

②重复上述操作。在一系列的简化后，如果消除了资源分配图中所有的箭头线，使所有进程结点都成为孤立点，则称该资源分配图是可完全化简的；否则，称该图是不可完全化简的。显然，不可完全化简的资源分配图必定存在环路，也就是系统处于

死锁状态。

死锁原理可表述为：当前系统状态为死锁状态的充要条件是，当且仅当其对应的资源分配图是不可完全化简的。

2. 解除死锁

当检测到系统发生死锁时，就必须立即把死锁状态解除，恢复系统。通常采用以下两种方法。

（1）剥夺资源法。从其他进程剥夺足够数量的资源给死锁进程，使其得到足够的资源，然后继续执行，以解除死锁状态。

（2）撤销进程法。系统采用强制手段将死锁进程撤销。最简单的方法是将全部死锁进程一次性撤销，但代价较大；或者按照一定的算法，从死锁进程中一个一个地选择进行撤销，并同时剥夺这些进程的资源，直到死锁状态解除为止。

在出现死锁时，可采用各种策略来撤销进程。例如，保证解除死锁状态所需撤销的进程数目最少，或者撤销进程所付出的代价最小等。

 **习题 3**

一、选择题

1. 高级调度又称为作业调度或长程调度，用于决定把外存上处于后备队列中的哪些作业调入内存。高级调度不能使用的调度算法是（　　）调度算法。

A. 先来先服务　　　　　　　　B. 高响应比优先

C. 时间片轮转　　　　　　　　D. 短者优先

2. 作业调度程序从（　　）状态的队列中选取适当的作业投入运行。

A. 就绪　　　　　　　　　　　B. 提交

C. 等待　　　　　　　　　　　D. 后备

3. 在批处理系统中，以下不属于作业管理程序任务的是（　　）。

A. 按照调度算法在后备状态的作业中选择作业

B. 为选中的作业创建相应进程

C. 为选中的作业分配主存等系统资源

D. 为作业对应的进程分配 CPU

4. 作业调度选择一个作业装入主存后，该作业能否占用 CPU 必须由（　　）来决定。

A. 设备管理　　　　　　　　　B. 作业控制

C. 驱动调度　　　　　　　　　D. 进程调度

5. 从进程提交给系统开始到进程完成为止的时间间隔称为（　　）。

A. 进程周转时间　　　　　　　B. 进程运行时间

C. 进程响应时间　　　　　　　D. 进程等待时间

6. 在多道批处理系统和分时系统中均必需提供的调度机制是（　　　）。

A. 中级调度
B. 低级调度
C. 高级调度
D. 以上所有

7. 分时系统采用的进程调度方式是（　　）。

A. 非抢占方式
B. 抢占方式
C. 以上两个均不可
D. 以上两个均可

8. 实时系统中的进程调度，通常采用（　　）算法。

A. 响应比高者优先
B. 短作业优先
C. 时间片轮转
D. 抢占式的优先数高者优先

9. 在时间片轮转调度算法中，如果时间片的长度无限延长，那么算法将退化为（　　）调度算法。

A. 先来先服务
B. 短进程优先
C. 高响应比优先
D. 以上均不是

10. 在进程调度算法中，对短进程不利的是（　　　）。

A. 短进程优先调度算法
B. 先来先服务算法
C. 高响应比优先算法
D. 多级反馈队列调度算法

11. 先来先服务调度算法有利于（　　　）。

A. 长作业和 CPU 繁忙型作业
B. 长作业和 I/O 繁忙型作业
C. 短作业和 CPU 繁忙型作业
D. 短作业和 I/O 繁忙型作业

12. 对于处理器调度中的高响应比调度算法，通常影响响应比的主要因素可以是（　　）。

A. 程序长度
B. 静态优先数
C. 运行时间
D. 等待时间

13. 一种既有利于短作业又兼顾到长作业的作业调度算法是（　　　）。

A. 先来先服务
B. 时间片轮转
C. 高响应比优先
D. 短进程优先

14. 下列各项中，不是进程调度时机的是（　　　）。

A. 现运行的进程正常结束或异常结束

B. 现运行的进程从运行态进入就绪态

C. 现运行的进程从运行态进入等待态

D. 有一进程从等待态进入就绪态

15. 有关资源分配图中存在环路和死锁关系，正确的说法是（　　　）。

A. 图中无环路则系统可能存在死锁

B. 图中无环路则系统可能存在死锁，也可能不存在死锁

C. 图中有环路则系统肯定存在死锁

D. 图中有环路则系统可能存在死锁，也可能不存在死锁

16. "死锁"问题的讨论是针对（　　　）的。

A. 某个进程申请系统中不存在的资源

B. 某个进程申请资源数超过了系统拥有的最大资源数

C. 硬件故障

D. 多个并发进程竞争独占型资源

17. 在下列解决死锁的方法中，不属于死锁预防策略的是（　　　）。

A. 资源的有序分配法　　　　　　　　B. 资源的静态分配法

C. 分配的资源可剥夺法　　　　　　　D. 银行家算法

18. 在哲学家进餐问题中，规定同一时刻最多允许四个哲学家拿到筷子，破坏了死锁产生之四项必要条件中的（　　　），从而消除了死锁产生的可能性。

A. 环路等待条件　　　　　　　　　　B. 请求和保持条件

C. 互斥条件　　　　　　　　　　　　D. 不剥夺条件

19. 关于银行家算法中不安全状态与死锁的关系，正确的说法是（　　　）。

A. 不安全状态即死锁状态

B. 只要避免进入不安全状态，则肯定可以避免死锁。

C. 不安全状态虽然不一定是死锁状态，但死锁已无可避免。

D. 以上均不对。

20. 采用资源剥夺法可以解除死锁，还可以采用（　　　）方法解除死锁。

A. 执行并行操作　　　　　　　　　　B. 撤销进程

C. 拒绝分配新资源　　　　　　　　　D. 修改信号量

二、填空题

1. 一个作业从进入系统到运行结束，一般要经历的状态是：后备状态、_____、完成状态。

2. _____是作业存在的唯一标识。

3. 在计算机系统中，只有一个CPU，则多个进程将争夺CPU资源，如何把CPU有效地分配给进程，这是_____要解决的问题。

4. 进程的调度方式有两种，分别是_____和_____。

5. 若一个系统中的所有作业同时到达，则使作业平均周转时间为最小的作业调度算法是_____调度算法。

6. 在多级反馈队列调度算法中，进程在给定的时间片内如果没有运行完应该把它放到_____。在各级队列中，优先级越_____获得的时间片越长。

7. _____优先权是在创建进程时确定的，确定之后在整个运行期间不再改变

8. 死锁产生的四个必要条件是_____、_____、_____和_____。

9. 在系统中采用按序分配资源的策略，将破坏发生死锁的_____条件。

10. 某系统有三个并发进程,都需要四个同类资源,试问该系统不会发生死锁的最少资源总数应该是_____。

三、简答题

1. 高级调度与低级调度的主要功能是什么?为什么要引入中级调度?

2. 简述作业和进程的区别。

3. 作业调度与进程调度的区别是什么?

4. 为什么说分时系统没有作业的概念?

5. 什么可以作为衡量一个作业调度算法好坏的标准?

6. 进程调度的时机有哪些?

7. 解释下列概念:周转时间、响应时间、截止时间。

8. 一个作业从提交开始直到运行完毕,可能经历哪些调度?若在后备作业队列中同时等待运行的有三个作业 A、B、C,已知它们各自的运行时间为 a、b、c,且满足 a<b<c,证明采用短作业优先调度算法能获得最小平均周转时间。并说明短作业优先调度算法会产生什么问题。

9. 对于时间片轮转算法、可抢占处理器的优先数调度算法和不可抢占处理器的优先数调度算法,分别画出进程三种状态转换图。

10. 死锁的四个必要条件是彼此独立的吗?试给出最少的必要条件。

四、计算题

1. 假设某操作系统采用时间片轮转调度策略,时间片大小为 100ms,就绪进程队列的平均长度为 5,如果在系统中运行一个需要在 CPU 上执行 0.8s 时间的程序,问该程序的平均周转时间和平均等待时间各为多少(不考虑 I/O 情况)?

2. 设有四个作业,它们的到达时间、所需运行时间如表 3-5 所示,若采用先来先服务、短作业优先和静态优先级的非抢占式调度算法,则平均周转时间分别是多少?其中,优先数越小、越优先运行。

表 3-5 四个作业的相关数据

作业号	到达时间	运行时间	优先数
1	0	2	4
2	1	5	9
3	2	8	1
4	3	3	8

3. 系统有五个进程,其就绪时刻(指在该时刻已经在就绪队列中就绪)、运行时间如表 3-6 所示。若采用先来先服务、短作业优先、高响应比优先法、时间片轮转调度算法(时间片=1),计算相关的平均周转时间和平均带权周转时间。

表3-6 五个作业的相关数据

进程	就绪时刻	运行时间
P_1	0	3
P_2	2	6
P_3	4	4
P_4	6	5
P_5	8	2

4. 假定某系统当时的资源分配图如图3-8所示：

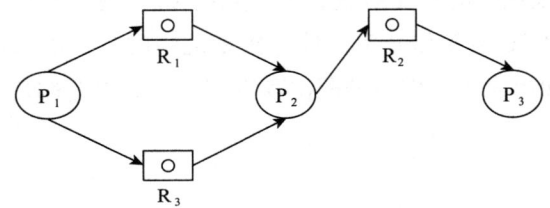

图3-8 资源分配图

（1）分析当时系统是否存在死锁。

（2）若进程 P_3 再申请 R_3 时，系统将发生什么变化，说明原因。

5. 设当前的系统状态如表3-7所示，系统此时可用资源向量 Available = （1，1，2）。

表3-7 系统状态图

进程	Max			Allocation		
	R_1	R_2	R_3	R_1	R_2	R_3
P_1	3	2	2	1	0	0
P_2	6	1	3	5	1	1
P_3	3	1	4	2	1	1
P_4	4	2	2	0	0	2

（1）计算各个进程还需资源数 Need。

（2）此时系统是否处于安全状态，为什么？

（3）P_2 发出资源请求 $Request_2$ （1，0，1），系统能将资源分配给它吗？

（4）若在申请资源后，P_1 又发出资源请求 $Request_1$ （1，0，1），系统能分配资源给它吗？

—— 项 目 4 ——

存储器管理

存储器是计算机系统中的重要组成部分，它向 CPU 提供程序指令和数据，存储器的利用效率直接影响 CPU 的工作效率，计算机系统中的存储器可以分为内存储器和辅助存储器（外存），如何为用户作业分配内存空间，提高内存的使用效率，是存储器管理的主要任务。

任务 4 – 1　掌握存储器管理的概念

📝 **任务描述**

操作系统如何管理存储器？对程序和数据如何进行存储与获取？

📝 **学习目标**

- 掌握操作系统存储器管理的基本概念
- 掌握操作系统存储器管理的目的与功能
- 理解地址映射、内存保护的原理

存储器是计算机系统中的重要硬件资源，任何程序和数据都必须占有一定的存储空间后才能执行存取操作。因此，存储管理的优劣直接影响着系统的性能，尤其是在多道程序系统中，存储器是用户作业要求共享的主要资源，故存储管理是操作系统的重要组成部分。

在现代计算机系统中，存储器一般分为内存和外存两级。CPU 可直接对内存中的指令和数据进行存取，内存的访问速度快，但容量小、价格贵；外存不与 CPU 直接交互，用来存放暂时不执行的程序和数据，但可以通过启动相应的 I/O 设备进行内外存信息的交换。外存访问速度慢，但其容量大大超过内存的容量，且价格便宜。按照存储内容的性质来划分，内存又分为两部分，一部分是系统区，用于存储操作系统核心程序及标准子程序、例行程序等；另一部分是用户区，用于存储用户的程序和数据等，供当前正在执行的应用程序使用。存储管理主要是对内存中的用户区进行管理。

4.1.1 存储器的层次

目前，计算机系统均采用层次结构的存储子系统，以便在容量大小、速度快慢、价格高低等因素中取得平衡点，获得较高的性价比。计算机系统的存储器可以分为寄存器、高速缓存、主存储器、磁盘缓存、固定磁盘、可移动存储介质等六层来组成层次结构。如图 4 - 1 所示，越往上，存储介质的访问速度越快，价格也越高。

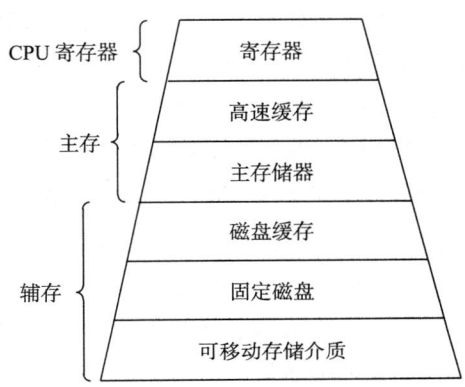

图 4 - 1 计算机系统存储器层次

其中，寄存器、高速缓存、主存储器和磁盘缓存均属于操作系统存储管理的管辖范围，断电后它们存储的信息会消失。寄存器是访问速度最快但最昂贵的存储器，它的容量小，一般以字（Word）为单位。一个计算机系统可能包括几十个甚至上百个寄存器，用于加快存储访问速度，如用寄存器存放操作数，或用作地址寄存器加快地址转换速度。高速缓存（Cache）是现代计算机结构中的一个重要部件，用来解决主存速度与CPU 速度不匹配的问题。高速缓存的存取速度小于 25ns，容量有 128KB 和 256KB 等。

固定磁盘和可移动存储介质属于设备管理的管辖范围，它们存储的信息将被长期保存，而磁盘缓存本身并不是一种实际存在的存储介质，它依托于固定磁盘，可以对主存储器存储空间进行扩充。

4.1.2 存储管理的目的

存储管理有两个基本目的。

（1）方便用户使用存储器。这包含两个含义：一是每个用户都以独立的方式编程，即用户只需在各自的逻辑空间内编程，而不必关心其程序在内存空间上的物理位置；二是为用户提供足够大的存储空间，使用户程序的大小不受实际内存容量的限制，即用户不必关心内存空间的物理分配。

（2）充分发挥内存的利用率。既要为每个用户程序提供足够大的内存空间，使它们得以有效运行，又要不浪费内存空间，在合理的前提下，让尽可能多的用户程序进驻内存运行。

4.1.3 存储管理的功能

存储管理的主要任务是为多道程序的运行提供良好的环境，方便用户使用存储器，提高存储器的利用率以及从逻辑上扩充存储器。为此，存储管理应解决以下问题。

1. 内存的分配与回收

由操作系统完成内存空间的分配和管理，使程序设计人员摆脱存储空间分配的麻烦，提高编程效率。为此，系统应能记住内存空间的使用情况，实施内存的分配，回收系统或用户释放的内存空间。内存的分配主要解决多道作业之间划分内存空间的问题。内存的分配方式包括直接分配、静态分配和动态分配三种。

直接分配是指程序员在编写程序或编译程序对源程序编译时采用内存物理地址。采用这种方式，必须事先指定作业使用的内存空间。因此，这种直接指定方式的存储分配，存储空间的利用率不高，对用户也不方便。

静态分配是指在将作业装入内存时确定其在内存中的位置，即存储分配是在作业装入内存时一次性完成的。采用这种分配方式，在一个作业装入内存时必须分配它要求的全部内存空间；如果没有足够的空闲内存空间，就不能装入该作业。此外，作业一旦进入内存后，在整个运行过程中不能在内存中移动，也不能再申请内存空间。

动态分配是指作业的内存分配工作可以在作业运行前及运行过程中逐步完成。当一个作业不再需要已占用的内存区域时，可以将其归还给系统。同时，在作业运行过程中允许它在内存空间中移动。

2. 地址映射

地址映射又称地址转换或地址重定位工作。用户在逻辑空间进行编程，产生、使用的是从"0"开始的相对地址，称为逻辑地址。作业的逻辑地址可以是一维的，也可是二维的（如段、段内地址）。而内存空间的地址是一维的物理地址，又称绝对地址。在多道程序环境下，程序中的逻辑地址转换为物理地址。逻辑地址变换成物理地址的过程称为地址映射。根据地址映射进行的时间及采用技术手段的不同，可以将地址映射分为静态映射和动态映射两类。

静态映射是在程序运行之前，由重定位装入程序进行的地址变换。也就是说，在程序装入内存的同时，就将程序中的逻辑地址转换成物理地址。静态映射的实现很简单，当操作系统为程序分配了一片连续内存区域后，重定位装入程序只需将程序中的逻辑地址加上该内存区的起始地址就能得到物理地址。例如，作业被装入到从 1000 号单元开始的内存区域中，则该作业的物理地址为逻辑地址值加上 1000。

静态映射的特点是容易实现，无需增加硬件地址变换机构。早期的计算机系统大多采用这种方案。但它要求为每个程序分配一片连续的存储区，程序执行期间不能移动，并且难以做到程序和数据的共享，也无法实现虚拟存储。

动态映射是在程序执行过程中，每当访问指令或数据时，将要访问程序或数据的逻辑地址转换成物理地址。因此，重定位过程是在程序执行期间随着指令的执行逐步完成的。动态映射的实现要依靠硬件地址变换机构，最简单的实现方法是利用一个重定位寄存器。当某个作业开始执行时，操作系统负责把该作业在内存中的起始地址送入重定位寄存器中，之后，在作业的整个执行过程中，每当访问内存时，系统自动将重定位寄存器的内容加到逻辑地址上，从而得到该逻辑地址对应的物理地址。

动态映射的特点是可以将程序分配到不连续的存储区中，在程序运行之前只需装入程序的部分代码即可投入运行，然后在程序运行期间，根据需要动态申请分配内存，便于程序段的共享，并且可以向用户提供一个比内存的存储空间大得多的地址空间。但动态映射需要附加硬件支持，且实现存储管理的软件算法比较复杂。

3. 内存保护

在多道程序设计环境下，内存中的许多用户或系统程序和数据可供不同的用户进程共享。这种资源共享将会提高内存的利用率。但是，要保证进入内存的各道作业都在自己的存储空间内运行，互不干扰。这既要防止一道作业由于发生错误而破坏其他作业，又要防止破坏系统程序。存储保护的内容包括防止地址越界和防止操作越权。常用的存储保护方法有硬件法、软件法和软硬结合三种。

上下界保护法是一种常用的硬件保护法。上下界保护技术要求为每个进程设置一对上下界寄存器。上下界寄存器中装有被保护程序和数据的起始地址和终止地址。在程序执行过程中，在对内存进行访问操作时首先进行访址合法性检查，即检查经过地址映射后的内存地址是否在界限寄存器所规定的范围内。若在规定范围内则访问合法；否则是非法的，会产生地址越界中断。

保护键法也是一种常用的存储保护法。保护键法为每一个被保护存储块分配一个单独的保护键。在程序状态字中则设置相应的保护键开关字段，对不同进程赋予不同的开关代码进而与被保护的存储块中的保护键相匹配。保护键可设置成对读写同时保护的或只对读写进行单项保护的，如果开关字与保护键匹配或存储块未受到保护，则访问该存储块是允许的，否则将产生访问出错中断。

另一种常用的内存保护方式是界限寄存器与 CPU 的用户态或核心态工作方式相结合的保护方式。在这种保护模式下，用户态进程只能访问那些在界限寄存器所规定范围内的内存部分，而核心态进程则可访问整个内存地址空间。

4. 内存扩充

用户在编制程序时，不应该受内存容量限制，所以要采用一定技术来"扩充"内存的容量，使用户得到比实际内存容量大得多的内存空间。

具体实现方法是在硬件支持下，软硬件相互协作，将内存和外存结合起来使用从而实现内存扩充，使用户在编制程序时不受内存限制。借助虚拟存储技术或其他交换技术，达到在逻辑上扩充内存容量的目的，也就是为用户提供比内存物理空间大得多的地址空间，使用户感觉作业是在一个大的存储器中运行。

任务4-2　认识连续分配存储管理

📝 **任务描述**

连续分配存储管理作为操作系统存储管理的一种方式，是如何实现的，有什么特点？

📝 **学习目标**

- 认识单一连续分区存储的原理
- 认识固定分区存储的原理
- 认识可变分区存储方式的原理
- 掌握三种连续分配存储管理地址重定位与存储保护的实现方式

连续分配存储管理是指为一个用户程序分配一个连续的内存空间，把主存储器中的用户区作为一个连续区或分成若干个连续区进行管理。每个连续区中可装入一个作业，可以分为单一连续分区、固定分区和可变分区存储管理。

4.2.1　单一连续分区存储方式

单一连续分区存储管理方式是早期使用的一种简单存储管理方式，只用于单用户、单任务的操作系统中，它把内存分为系统区和用户区两部分，系统区由操作系统使用，用户区由用户作业使用，其示意图如图4-2所示。

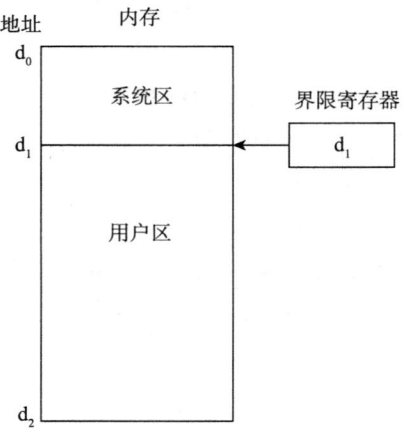

图4-2　单一连续分区存储方式

单一连续分区存储管理具有以下特点。

（1）管理简单。内存区域只分为系统区和用户区，用户区每次只装入一道作业，可以一次性分配和回收。

（2）独占资源。一次只装入一道作业，必然会造成内存资源的浪费。没有被使用的内存区域也无法装入其他作业，资源利用率低。

（3）静态地址重定位。由于整个用户区域都给了用户作业，因此在对用户程序实行静态地址重定位时，为了防止用户程序误入系统区，一般会在 CPU 中设置界限寄存器，存放用户区的起始地址，确保用户指令不会产生地址越界。

多道程序系统一般都采用多个分区的存储管理方式，具体可分为固定分区存储和可变分区存储两种方式。

4.2.2 固定分区存储方式

固定分区存储管理是实现多道程序存储管理的一种简单方式，它将内存用户区划分为若干个固定大小的区域，划分之后，分区的尺寸和数量保持不变，每个分区只能装入一道用户作业，多个分区可以装入多道作业，使之并发执行。

1. 固定分区划分方法

固定分区划分方法分为大小相等和大小不相等两种情况。分区大小相等的划分方法优点是方法简单，用户区空间分配过程简单；缺点是分区大小不好确定，如果太小，无法装入大程序，如果太大，装入小程序会造成分区资源浪费。因此，通常采用分区大小不相等的划分方法，通过划分多个较小的分区、适量的中等分区和少量的大分区以提高分配的灵活性，满足不同大小作业的要求。

2. 分区的分配与回收

在固定分区存储管理方式下，通过分区分配表来实现对内存的管理和控制。分区分配表包括分区号、分区大小、起始地址和分配状态，如图 4-3 所示，分区 1 和 3 已经分配给了作业 A 和作业 B，分区 2 和 4 还未分配。

<table>
<tr><td colspan="4">分区分配表</td></tr>
<tr><td>分区号</td><td>分区长度</td><td>起始地址</td><td>分配状态</td></tr>
<tr><td>1</td><td>6KB</td><td>20KB</td><td>作业A</td></tr>
<tr><td>2</td><td>12KB</td><td>26KB</td><td>0</td></tr>
<tr><td>3</td><td>24KB</td><td>28KB</td><td>作业B</td></tr>
<tr><td>4</td><td>48KB</td><td>62KB</td><td>0</td></tr>
</table>

```
0KB
        系统区
20KB
        作业A
26KB
        未分配
38KB

        作业B

62KB
        未分配

110KB
```

图 4-3 固定分区存储方式

分区分配表一开始要初始化，根据内存的分区划分情况，在分区分配表中填入分区号、分区大小、起始地址，并将分配状态设置为"0"，表示该区域还未被使用。当有作业申请内存空间时，从作业队列中选择队首作业或者最大作业，检查分区分配表，选择分配状态为"0"的分区与作业的大小进行比较。当某一个分区长度能够满足该作业大小时，则把作业装入该分区，修改分配状态为作业 ID，然后分配下一个作业；如果所有分区长度都不能容纳该作业，提示内存空间不足，则该作业暂时无法装入内存。

内存分区的释放很简单，作业执行结束后必须归还所占的分区，根据作业 ID 在分区分配表中找到的相应记录，把对应的分配状态重新置成"0"即可。

3. 地址重定位与存储保护

在固定分区储存方式下，每个分区只能装入一个作业，作业在运行期间不会移动位置。在将分区分配给作业时，会进行静态地址重定位，将作业程序指令中的相对地址转换为内存空间的绝对地址，转换的方法为将相对地址与分区的起始地址相加，得到绝对地址。

在进行内存分配之前，不单需要防止用户作业误入系统区，还要防止不同用户作业之间的干扰，因此一般会在 CPU 中设置两个专用的界限寄存器：低界限寄存器和高界限寄存器，用于存储保护。低界限寄存器和高界限寄存器分别记录了用户作业所装入内存分区的起始地址和结束地址，这样在作业运行过程中硬件会自动检测作业指令的物理地址是否越出低界限寄存器和高界限寄存器所指定的范围，如果是则产生地址越界中断，从而保证了作业只在所在的分区中运行，如图 4-4 所示。

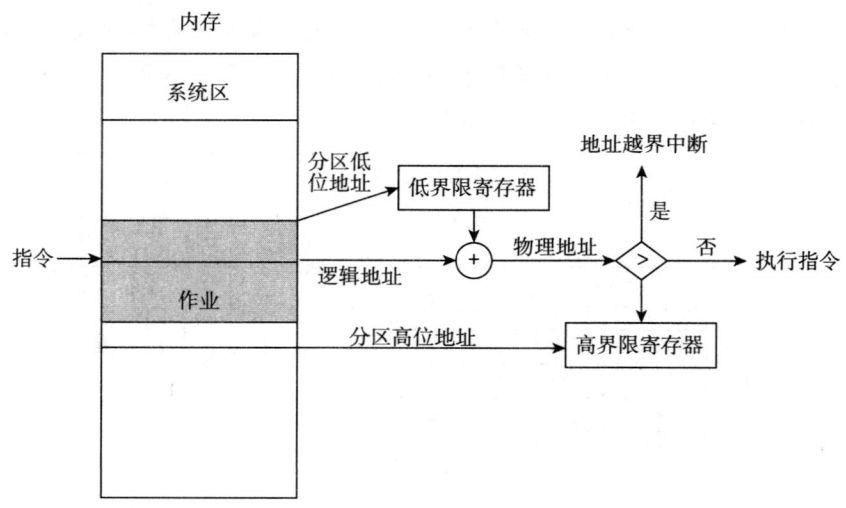

图 4-4　固定分区存储方式地址转换

4.2.3 可变分区存储方式

固定分区存储方式，由于分区的数量和分区的尺寸都是固定的，因此会存在大作业装不入小分区，或者小作业装入大分区，从而造成"内部碎片"的浪费情况。可变分区存储方式就是为了解决这个问题而提出的，其基本思想是对于用户内存空间，不先划分分区，而是按照进入作业的大小来分配存储空间，这样就能有效避免固定分区所造成的存储浪费。

1. 可变分区划分基本方法

可变分区存储方式又称为动态分区存储方式，用户内存空间不事先划定分区，当有作业要装入时，找到空闲分区，根据作业的大小动态划分出大小正好合适的空间给作业，剩下的分区空间作为空闲分区，继续装入后续的作业，划分方法如图 4 – 5 所示。

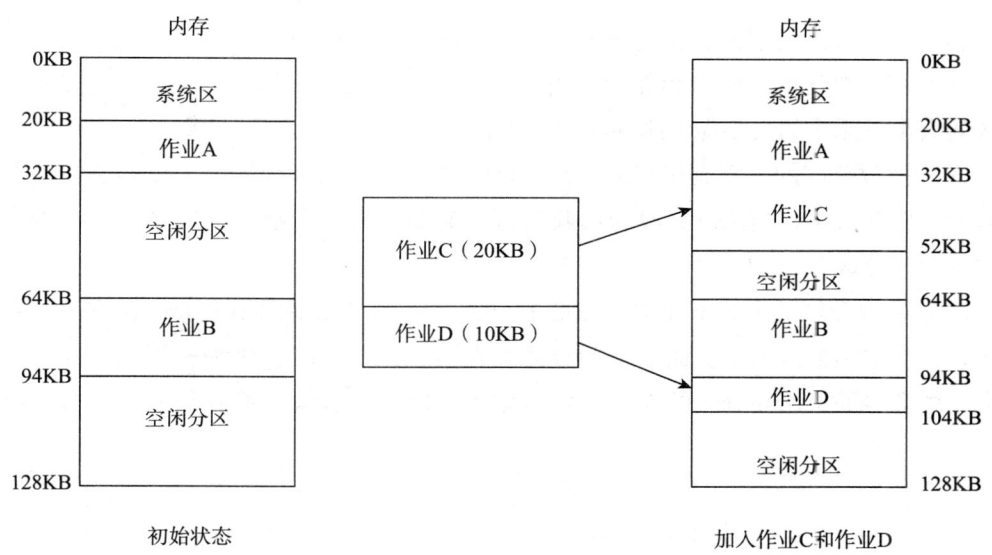

图 4 – 5 可变分区存储方式

随着作业的不断装入和回收，原来的用户内存空间就会被分成很多个分区，有的分区还有作业在占用，有的分区已经是空闲分区，因此有新作业要求装入时，就要找到合适的空闲分区把作业装入。作业完成之后，会归还内存空间，所占用的内存空间会成为空闲分区，如果相邻有空闲分区，则可以合成一个更大的空闲分区。

为了记录内存中的分区使用情况，就必须有相应的数据结构来记录空闲分区和已分配的分区，因此操作系统会设置两张表，一张"已分配分区表"，一张"空闲分区表"。已分配分区表记录内存中已分配作业的分区情况，包括分区序号、起始地址、分区长度和分区状态，分区状态为作业 ID；空闲分区表记录内存中空闲分区的情况，包括空闲分区序号、起始地址和分区长度，两者的说明如图 4 – 6 所示。

已分配分区表				空闲分区表		
分区序号	分区长度	起始地址	分配状态	分区序号	分区长度	起始地址
1	50KB	30KB	作业A	1	80KB	40KB
2	120KB	100KB	作业B	2	220KB	60KB
3	280KB	10KB	作业C	3	290KB	100KB
				⋮	⋮	⋮

图4-6 已分配分区表和空闲分区表

当一个作业运行结束后，操作系统会回收其所占用的内存空间，在已分配分区表中根据作业 ID 找到该作业的记录，将分区状态栏置为"0"，之后根据该作业所占用的内存分区的起始地址和作业大小，去修改空闲分区表的相应记录。对空闲分区表的修改，根据回收的分区相邻是否有空闲分区，可以分为四种情况，如图4-7所示，分别为：

（a）回收分区上下没有相邻的空闲分区，需要在空闲分区表中增加一条记录；

（b）回收分区的上面有相邻的空闲分区，只要修改空闲分区表中上面相邻的空闲分区的大小，原来的大小加上刚回收的空闲分区；

（c）回收分区的下面有相邻的空闲分区，要修改空闲分区表中下面相邻空闲分区的起始位置和大小，起始位置改为回收分区的起始位置，大小改为原来的大小加上刚回收的空闲分区；

（d）回收分区的上、下面都有相邻的空闲分区，这样要把三个分区合成一个空闲分区，找到空闲分区表中上面的空闲分区所在的记录，修改大小为相邻两个空闲分区的大小之和再加上回收分区的大小，然后删除空闲分区表中下面相邻的空闲分区所在的记录。

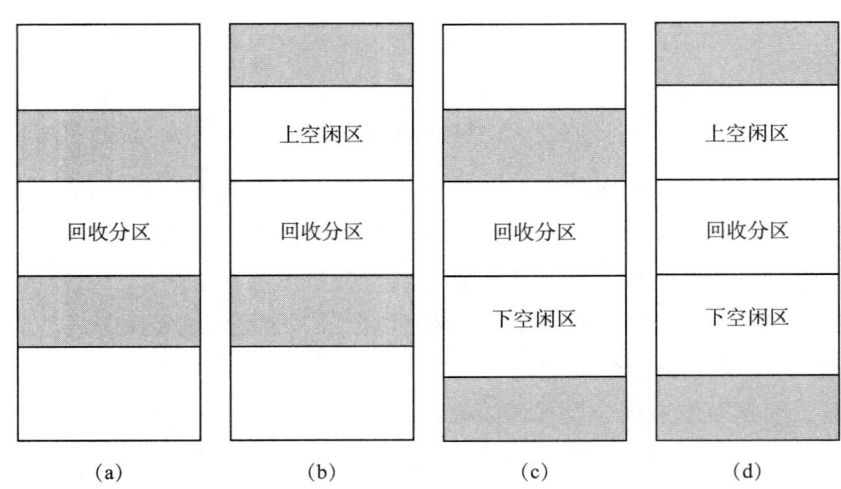

图4-7 空闲区的合并

2. 可变分区的分配算法

当用户内存空间中有多个空闲分区能满足作业的存储要求，选择哪一个空闲分区会影响内存分配的效率，属于分配算法问题。在可变分区存储方式中，分区的分配算法主要有：最先适应算法、最优适应算法和最坏适应算法等。

（1）最先适应算法。最先适应算法也称首次适应算法，对于空闲分区表中的各个空闲分区的起始地址按照从低到高的顺序去查找，找到第一个能满足作业大小要求的空闲分区，则分配给该作业。这种方法查找时间短，实现简单。其缺点是查找总是从低地址开始，低地址的大空闲分区会被分割成许多小分区，由于太小而无法装入作业，因此成为不能再使用的"外部碎片"；另外，由于分配总是从低地址部分开始，高地址的内存空闲分区使用较少，造成内存的使用效率不均衡。改进的方法是使用循环首次适应算法，仍是按空闲分区的内存地址从低到高查找，只不过每次分配时，从上次分配的空闲分区的下一条记录开始查找空闲分区表，直到最后一条记录都不能满足作业大小要求时，再回到第一条记录开始比较。如果一直没有合适的空闲分区，就直到查找完所有的空闲分区，提示作业无法装入。

（2）最优适应算法。最优适应算法，是从所有的空闲分区中找到能满足作业要求的最小空闲分区进行分配，在查找过程中，可以通过把空闲分区按长度递增的顺序进行排列以提高扫描的效率。该方法的优点是能够避免分割大空间的空闲分区，保证大作业的需求；缺点是对小的空闲分区每次分割后，都产生更小的空闲分区，这些空闲分区由于太小而可能不会再被使用，从而形成"外部碎片"。

（3）最坏适应算法。最坏适应算法，是从所有的空闲分区中找到能满足作业要求的最大空闲分区进行分配，在查找过程中，可以通过把空闲分区按长度递减的顺序进行排列以提高扫描的效率。该方法优点是不会产生过多的小空闲分区"外部碎片"，有利小作业的运行，但是大空闲分区都被分割了，会影响大作业的分配。

3. 地址重定位与存储保护

由于空闲分区的起始地址、大小都是动态变化的，在作业装入内存后，运行时要进行动态地址重定位，把作业指令的逻辑地址转为物理地址，该过程的实现就要借助两个专用寄存器：基地址寄存器和界限寄存器。作业装入内存后，基地址寄存器保存装入分区的起始地址，界限寄存器保存装入分区的最大地址。如图 4-8 所示，地址转换的方法为：将作业指令的逻辑地址与界限寄存器保存的分区起始地址值相加，得到实际的物理地址，再将该地址与界限寄存器中保存分区最大地址相比较。如果小于等于界限寄存器中保存的值，则作业正常运行；如果大于界限寄存器中保存的值，则发出"地址越界"中断信号。

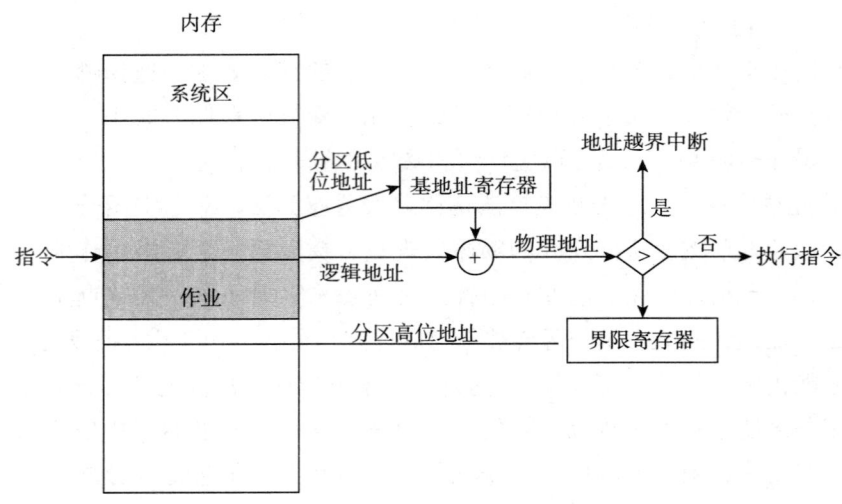

图 4 – 8　可变分区存储方式地址转换

任务 4 – 3　认识非连续分配存储管理方式

📖 任务描述

针对连续分配存储管理的缺点，有何改进的方法来消除"外部碎片"，这种存储管理方法是如何实现的，有何特点？

📖 学习目标

- 认识分页式存储的原理
- 认识分段式存储的原理
- 认识段页式存储的原理
- 掌握三种非连续分配存储管理地址重定位与存储保护的实现方式

固定分区存储管理方式会因为大分区装入小作业而产生"内部碎片"，可变分区存储管理方式会因为空闲分区不断的被分配与回收，留下太小的空闲分区而产生"外部碎片"。这两种情况都会影响内存的利用率，其根本原因是作业的装入必须是连续的，如果作业能划分成几份装入不连续的内存空间，就能效解决这两个问题。基于这一思想产生了非连续分配的存储方式，根据分配时对作业的不同划分方式，可以分为分页式存储管理方式、分段式存储管理方式和段页式存储管理方式。

4.3.1　认识分页式存储管理方式

1. 基本思想

分页式存储管理方式是将用户作业的地址空间划分成若干大小相等的区域，这些区域称为页。每一"页"都从地址"0"开始编号，称为页号。每一"页"都有相同大小的页内空间，地址空间是从"0"开始编址，称为页内地址。同时把内存空间的用户区划分成跟"页"一样大小的"块"，每一"块"也从地址"0"开始编号，每一"块"内的内存地址也是从"0"开始编址，称为块内地址。页号和页内地址组成了程序的逻辑地址，其格式如图 4-9 所示，逻辑地址的高位表示页号，逻辑地址的低位表示页内地址，分页的数量决定了页号的长度，每页的大小决定了页内地址的长度。例如，对于一个 32 位的程序逻辑地址，如果要分成 10 页，由于地址是二进制表示，那么就得用到 4 位的高位逻辑地址，剩下的 28 位低位逻辑地址表示每一页的大小。页的大小和块的大小是一致的，一个"页"装入一个"块"，而且"块"与"块"之间的地址可以是不连续的，这样就可以实现连续的逻辑地址分成几"页"装入不连续的内存"块"空间。

图 4-9 分页式存储管理逻辑地址

由于作业的长度不可能总是页面尺寸的整数倍，因此作业的最后一页一般不能完全填入所对应的块，对应块剩下的内存空间也会形成"内部碎片"，通过减小分页的大小，可以降低"内部碎片"的大小，但是由于页面尺寸变小，页面数量就会变多，每个作业的页表也会随之增大，会增加内存开销。所以，每一页的大小，要综合考虑几个因素折中取值，一般取在 512B 至 64KB 之间。

2. 内存空间的分配与回收

采用分页式存储管理方式，作业的每一"页"离散地存储在内存的某一个物理"块"中，作业执行时，要根据"页"号找到对应的"块"号，再根据页内地址找到对应的块内地址，即当前指令的物理地址，这个过程需要借助数据结构"页表"来实现。页表保存了页号与块号的对应关系，当作业运行时，通过指令的逻辑地址可以得到页号，再通过查找页表，可以找到对应的物理块号，如图 4-10 所示，页号为 0 的页装在块号为 3 的物理内存，页号为 1 的页装在块号为 8 的物理内存。

由于操作系统中会存在多个作业同时运行，因此还要通过数据结构"作业分配表"来记录各个作业的页表地址。内存分配表包括作业 ID、页表起始地址和页表长度，页表长度代表了作业页号序号的最大值。通过内存分配表就可以找到作业对应的页表在内存中的位置。页表存在内存中，会增加内存的负担和降低 CPU 的效率，一般会设置一个专用的寄存器"页表控制寄存器"来存放当前运行作业的页表，以提高页表的访问速度。

当一个作业运行结束时，要回收作业所占用的内存空间。具体的做法是，查找内存分配表中作业对应的记录，找到该作业页表的起始地址，找到页表，按照页表的记录找到对应的块，逐项回收每一块内存。

3. 地址重定位与存储保护

在分页式存储管理方式中，地址重定位主要实现作业在页内的逻辑地址到内存中块内的物理地址的转换。页的大小与块的大小是相等的，故页内的偏移地址就是块内的偏移地址，只要把页号转换成块号，就能实现分页式存储管理的地址重定位。具体的做法是把逻辑地址除以页长，得到的商为页号，得到的余数为页内偏移地址，再通过页表找到页号所对应的块号，把块号乘以块的长度，最后加上块内偏移地址（等于页内偏移地址）。例如，如图 4 - 10 所示，对于页面长度为 4KB 的系统，要找到逻辑地址 9800，用 9800 除以 4096，得到 2 余 1608，因此 2 为页号，1608 为页内偏移地址；再查页表，页号 2 对应的块号为 4，再用 4 乘以 4096，加上块内偏移地址 1608，最后得到指令的物理地址 17992。

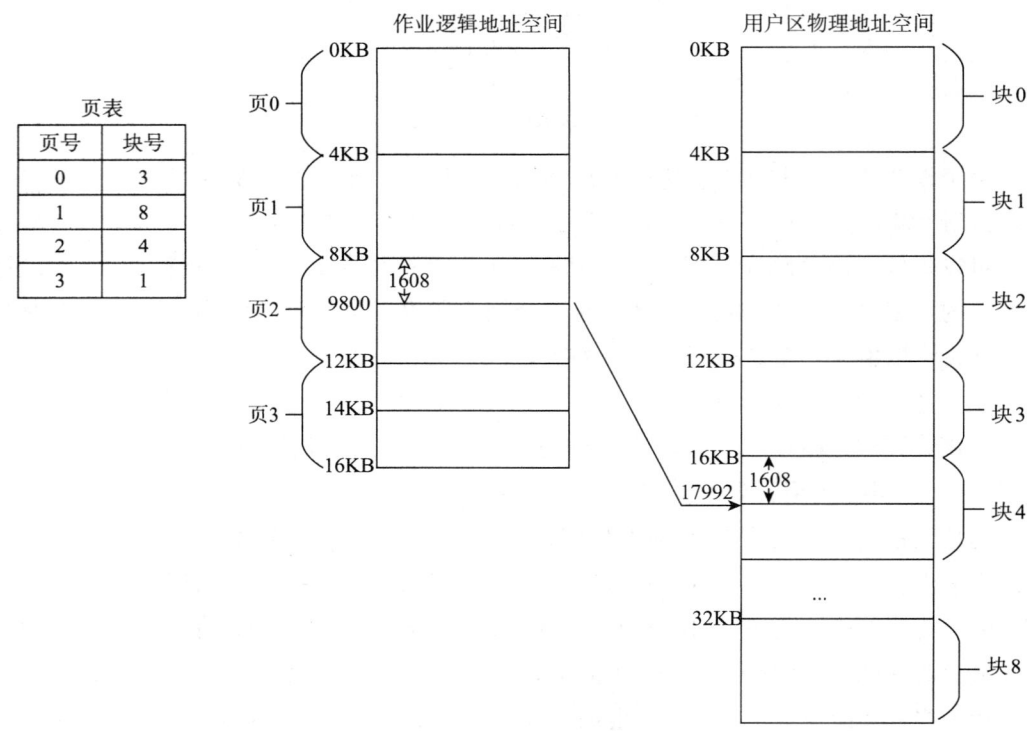

图 4 - 10　分页式存储管地址重定位

如果用二进制来表示地址结构，则地址重定位不需要经过除法和取模运算，只要通过二进制地址的拼接就能实现。具体方法是把二进制的逻辑地址表示页号的高位替换成对应的用二进制表示的块号，低位地址不变，就完成了地址重定位，地址变换过程如下图 4 - 11 所示。

例如上述的逻辑地址 9800，用二进制表示就是 10011001001000，由于页的大小为 4KB，也即页内地址是 12 位，所以低 12 位地址 011001001000 为页内偏移地址，高 2

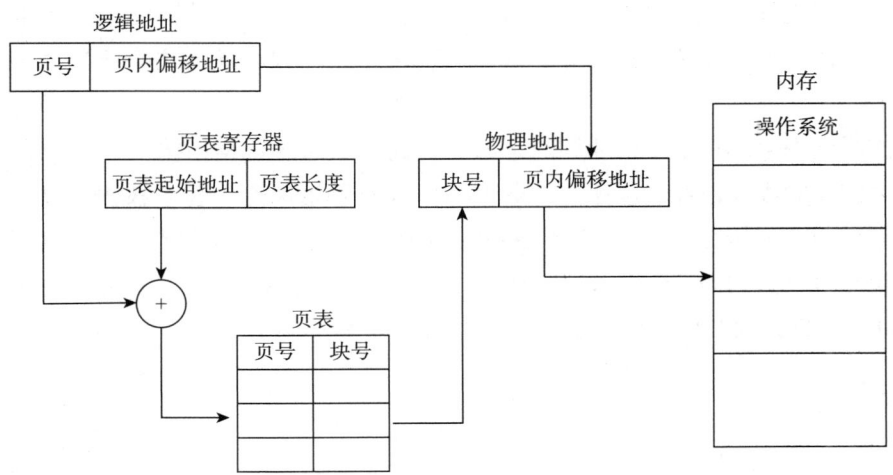

图 4 – 11　分页式存储管理地址重定位

位 10 为页号，也即十进制的 3，通过查找页表，得到对应的块号为 4，4 的二进制表示为 100，由于块内偏移地址等于页内偏移地址，所以只须把 100 和低 12 位块内偏移位地址 011001001000 拼接起来，得到"100"＋"011001001000"，就是内存中的物理地址，二进制的 100011001001000 即为十进制的 17992。

4.3.2　认识分段式存储管理

分页式存储管理方式可以实现内存从固定分区分配到动态分区分配，有效提高内存的利用率。分段式存储管理，主要是为了满足用户的需求，实现在编程时把作业按逻辑功能分成若干的段，通过段名和长度来访问不同的段。另外，按逻辑功能划分程序，可以实现不同功能的程序段对数据的共享。

1. 基本原理

在分段式存储管理方式中，作业被分成不同的段，以段为单位存入内存。段是按照逻辑功能进行划分的，比如可分为一个主程序段，若干个子程序段和数据段等，每个段在内存中占用一段连续的内存空间。每一个段长度都不是确定的，都有一个段号，段内地址都从 0 开始编址，因此，如图 4 – 12 所示，段的逻辑地址都是二维的，由段号和段内地址组成。

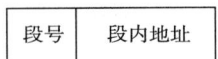

图 4 – 12　分段式存储管理逻辑地址

2. 内存空间的分配与回收

为了实现分段式存储管理，系统为每个作业建立一张"段表"，记录了"段号""起始地址"和"段长"，在段表的映射下，可以实现每个段离散地装入内存中，这个过程类似于可变分区存储方式，只不过可变分区存储方式是整个作业装入内存，而分段式存储管理是将作业按逻辑功能分成不同的段，每一段再装入内存不同的连续内存空间。

操作系统中会存在多个作业同时运行，因此还要通过数据结构"作业分配表"来记录各个作业的段表地址，包括"作业 ID""段表起始地址"和"段表长度"。另外，通过数据结构"空闲分区表"记录内存中空闲分区的起始地址和大小，以实现主存空间的分配与回收。例如，作业 J2 被分成四段：主程序段 MAIN，子程序段 SUB1，子程序段 SUB2 和数据段 DATA，在内存的映射如图 4 – 13 所示。

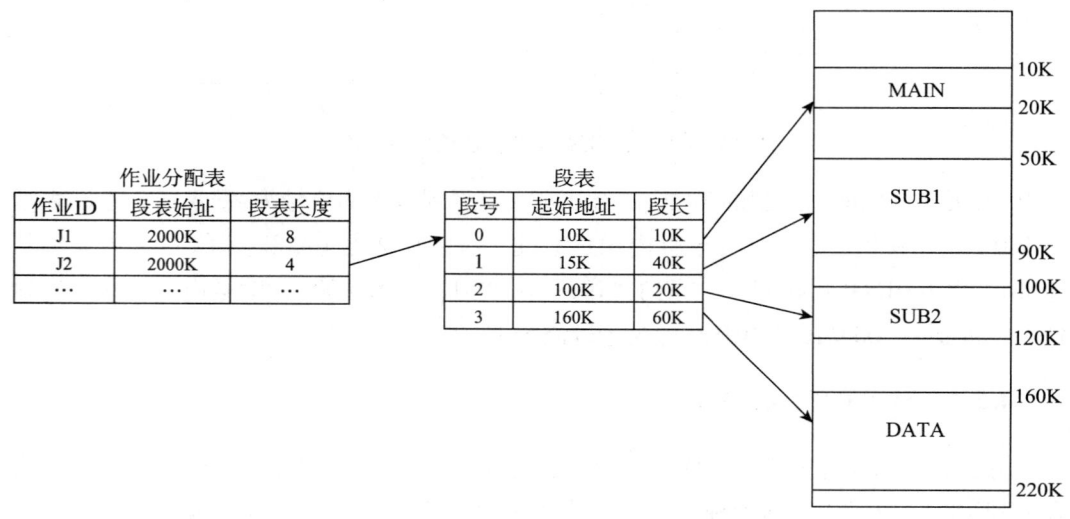

图 4 – 13　分段式存储内存映射

3. 地址重定位与存储保护

分段式存储管理方式，根据段表完成地址重定位，从而完成逻辑地址到物理地址的转换，并且为了提高地址转换效率，会设置一段表寄存器，当作业运行时，把作业分配表中段表的始址和长度装入段表寄存器。如图 4 – 14 所示，通过段表寄存器中的段表始址找到作业对应的段表，将逻辑地址的段号与段表寄存器中的段表长度相比较。如果段号大于段表长度则发出"越界中断"，如果否，则根据该段号找到段长，再判断逻辑地址的段内地址是否大于段长，如果是，则发出"越界中断"，如果否，则根据段号所对应的起始地址，加上段内地址，得到指令在内存中的物理地址。

4. 段的共享

分段式存储管理方式最主要的优点就是可以实现段的共享。在可变分区存储管理中，每个作业只能占用一个分区，不允许多道作业有共同的区域，因而无法实现代码或者数据的共享，当几个作业同时要使用同一个子程序时，这个子程序只能在各个作业的内存分区中都各放一套，这样显然会降低内存的使用效率。

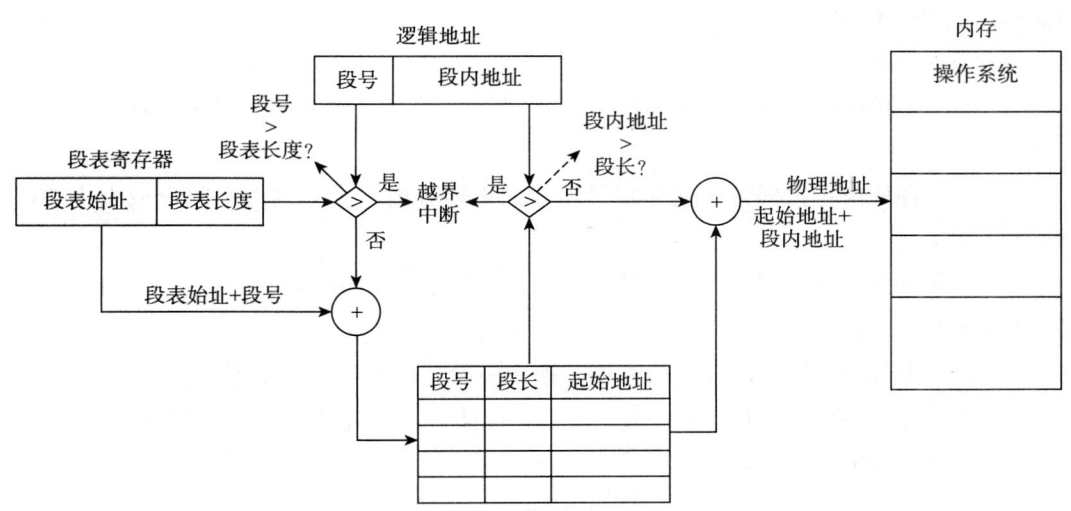

图 4 – 14　分段式存储管理地址重定位

在分段式存储管理中，段是按逻辑功能来划分的，可以按段名来访问各段，因此可以方便地实现段的共享，只要多个作业的段表中相应的表目都指向共享的同一物理段（副本），就能实现段的共享。

5. 分页式与分段式的区别

分页式和分段式存储管理有着许多类似之处，比如都是离散的分配方式，都要通过地址重定位来实现逻辑地址到物理地址的转换，但两者在概念上是完全不同的，主要表现在以下三个方面：

（1）页是信息的物理单位，分页是为实现离散分配方式，以消减内存碎片，提高内存利用率。或者说，分页仅仅是由于系统管理的需要而不是用户的需要。段则是信息的逻辑单位，它含有一组意义相对完整的信息，分段是为了能更好地满足用户需要。

（2）分页的作业地址空间是一维的，即单一的线性地址空间，程序员只需利用一个记忆符，即可表示一个地址，而分段的地址空间是二维的，程序员在标识一个地址时，既须给出段名，又须给出段内地址。

（3）页的长度固定且由系统决定，系统把逻辑地址划分为页号和页内地址两部分，这个划分是由计算机硬件实现的，因而在系统中只能有一种尺寸的页面。而段的长度却不固定，它取决于用户所编写的程序，通常由编译程序在对源程序进行编译时，根据信息的性质来划分。

4.3.3　认识段页式存储管理方式

分页式和分段式存储管理都有各自的优缺点，分页式可以有效提高内存的利用率，能够较好地解决"外部碎片"的问题，而分段式可以较好地满足用户的需求，如果把两种方式结合起来，就能"两全其美"，基于此，人们提出了一和新的存储管理方式——"段页式存储管理方式"。

1. 基本思想

段页式存储管理方式是分页式和分段式存储管理方式的结合，主要有以下几个技术特征：

（1）内存分块：根据分布式存储管理方式来划分内存，把内存空间分成大小相等的内存块。

（2）作业分段：把用户作业按逻辑功能分成若干段，每一段都有段名和段内地址，段内地址从 0 开始编址。

（3）段内分页：按照内存块的大小，把每一段分成若干大小相等的页面。

如图 4-15 所示，根据上述方法，段页式存储管理方式的逻辑地址包括三个部分：段号、段内页号和页内地址。

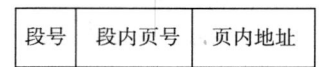

图 4-15 段页式存储管理逻辑地址

2. 内存空间的分配与回收

段页式存储管理方式的数据结构有作业分配表、段表、每个段对应的页表。作业分配表记录每个作业的作业 ID、段表始址和段表长度，当作业运行时，该作业的段表起始地址和段表长度会装入段表寄存器，以提高地址转换效率。段表包括段号、页表长度和页表始址，页表包括页号和块号，图 4-16 所示的为段页式存储管理的内存映射。

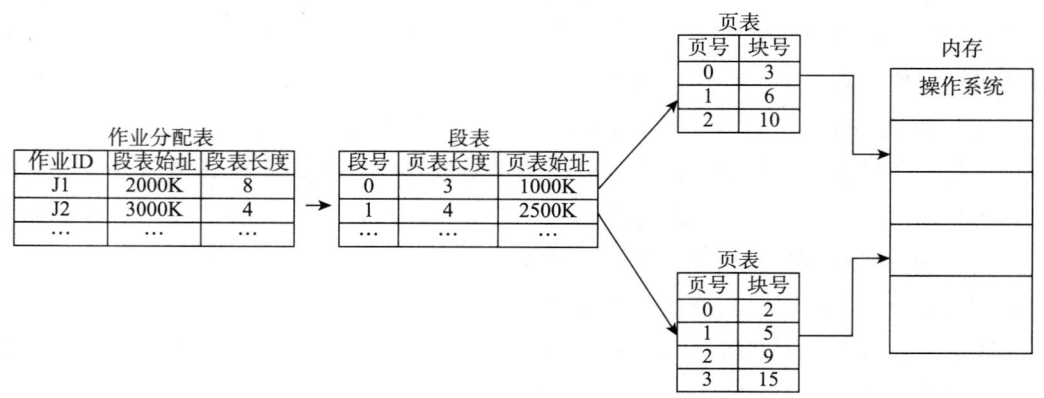

图 4-16 段页式内存管理的内存映射

3. 地址重定位与存储保护

段页式存储管理方式通过段号、段内页号和页内地址完成指令逻辑地址到物理地址的转换。如图 4-17 所示，通过段表寄存器中的段表始址找到作业对应的段表，将段号与段表寄存器中的段表长度相比较。如果段号大于段表长度则发出"越界中断"，如果否，则根据段表始址加上段号找到段表中该段的页表始址和页表长度，将段内页号与页表长度相比较，如果段内页号大于页表长度，并发出"越界中断"，如果否，则根据页表始址加上段内页号，在页表中找到对应的块号，最后在该块中，根据页内地址（等于块内地址）找到指令相应的物理地址。

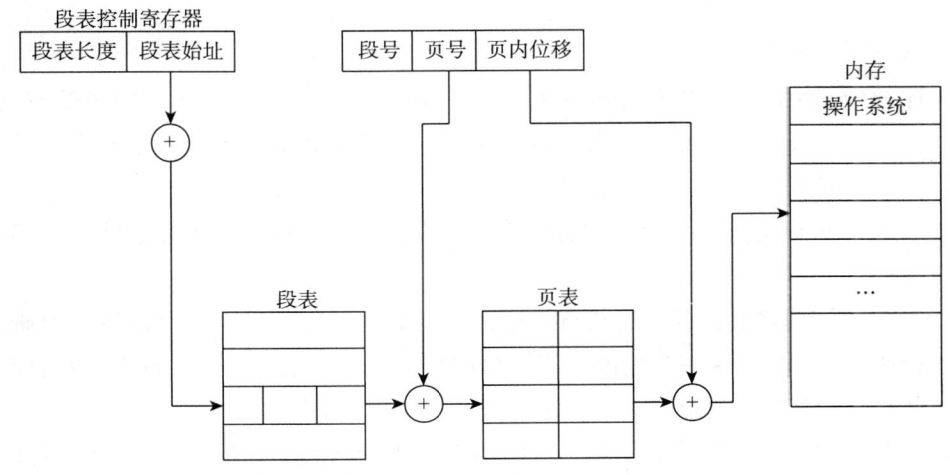

图4-17 段页式存储管理的地址重定位

任务4-4 认识虚拟存储器

📋 任务描述

前面所介绍的操作系统存储管理方法，都是将作业一次性地装入内存，内存的空间决定了作业的装入数量及大小，在内存空间不足的情况下，如何从逻辑上扩展内存，让作业正常运行？

📝 学习目标

- 理解虚拟存储器的概念
- 认识请求分页式存储管理的原理
- 掌握页面淘汰算法

前面介绍的各种存储管理方案，都要求用户作业一次性全部装入到连续或不连续的内存空间直到运行结束，这样一个用户作业一旦获得物理内存空间，则该内存必须能容纳它的整个逻辑地址空间，如果作业的地址空间大于内存可用空间，则无法装入内存，如果有较多的作业要运行，由于内存空间无法装入所有作业，只能将有些作业先装入，一些作业在外存上等待。另外，当把作业的全部信息装入内存后，作业执行并没有使用全部信息，也可能有些信息运行一次就不会再用了，这些都不利于内存资源的高效使用。

要解决上述问题，有一种方法是增加物理内存，另一种方法是从逻辑上扩充内存空间，后者就是虚拟存储器技术的主要功能。

4.4.1 虚拟存储器的概念

1. 程序的局部性原理

程序的局部性原理是指程序在执行时将呈现局部性规律，即在一较短的时间内，程序的执行仅局限于某个部分。相应的，它所访问的存储空间也局限于某个区域。具体有以下几个特点：

（1）程序执行时，除了少部分的转移和过程调用指令外，在大多数情况下仍是按顺序执行的。

（2）过程调用将会使程序的执行轨迹由一部分区域转至另一部分区域，但研究表明，过程调用的深度在大多数情况下都不超过 5。这就是说，程序将会在一段时间内局限在这些过程的范围内运行。

（3）程序中存在许多循环结构，这些虽然只由少数指令构成，但是它们将多次被执行。

（4）程序中还包括许多对数据结构的处理，在对数组进行操作时，数组往往都局限于很小的范围内。通过以上分析可以看出，程序的局限性表现在以下两个方面。

其一，时间局限性。一旦执行程序中的某条指令，则不久以后可能再次执行该指令；如果某数据被访问过，则不久以后该数据可能再次被访问。产生时间局限性的典型原因，是程序中存在着大量的循环操作。

其二，空间局限性。一旦程序访问了某个存储单元，在不久之后，其附近的存储单元也将被访问，即程序在一段时间内所访问的地址，可能集中在一定的范围内，典型情况便是程序的顺序执行。

2. 虚拟存储器的定义

由于程序的局部性原理，一个作业在运行之前，没有必要安全装入内存，仅须将那些要运行的段或页装入内存即可，其余的部分暂时存放在外存上。作业运行时，如果所要访问的段或页已经在内存里，则可以正常访问；如果要访问的段或页还未装入（缺段或缺页），则通过操作系统的请求调页或调段功能，把对应的段或页装入内存中，如果这个时候，内存已经满了，还要通过操作系统的置换功能，把内存中暂时不需要运行的段或页暂时移出到外存中，有了足够的空间再由系统把所要访问的段或页调入内存，使程序可以继续运行。这样，可以使一个大的用户作业在较小的内存空间运行，也可以使更多的作业并发执行。从用户的角度看，系统的内存容量要比实际的内存容量大得多，因此取名虚拟存储器。具体地说，虚拟存储器是指利用请求调入功能和置换功能，从逻辑上对内存容量进行扩充的，以产生一种不受实际内存大小限制的虚拟存储系统。

3. 虚拟存储器的特征

根据程序的局部性原理和上述的分析，虚拟存储器具有以下特征。

（1）局部性。一个用户作业在某段时间内只需把当前需要的局部实体装入内存便可执行，也即一个作业可被分成多次调入内存运行。

（2）交换性。允许程序和数据在作业的运行过程中进行换入换出，也即用户作业运行过程中，允许将那些当前暂时不使用的程序和数据，从内存调至外存的对换区，待以后需要时再将它们从外存调至内存。置换能有效地提高内存的利用率。

（3）虚拟性。虚拟性是指能够从逻辑上扩充内存容量，使用户所看到的内存容量远大于实际内存容量。这是虚拟存储器所表现出来的最重要的特征，也是虚拟存储器要实现的最重要的目标。

4.4.2　请求分页式存储管理

虚拟存储器允许用户作业程序以逻辑地址来寻址，突破物理内存的限制，通过调入和置换功能，充分利用外存空间，其现有存储管理方式有请求分页式存储管理，请求分段式存储管理，请求段页式存储管理，它们都在原来静态分页、分段、段页存储管理的基础上，加入页或段的调入和置换。本节以请求分页式存储管理为例介绍虚拟存储器的实现方式。

1. 基本原理

请求分页式存储管理建立在静态分页式存储管理的基础上，增加了调入和置换功能，它与分页式存储管理相同的是先将内存空间分成大小相等的块，把作业的逻辑地址空间按块的大小分成大小相等的页，通过页表建立页和块的对应关系；不同的是分页式存储管理作业要全部装入内存，而请求分页式存储管理只装入部分要运行的页面，其他页面暂时保存在外存，当运行需要用到时，才通过操作系统装入内存。从这个运作过程看，请求分页式存储管理需要解决两个问题，一是缺页时用户作业暂时无法运行，引起"缺页中断"；二是如果内存空间不够，如何选择换出内存的一页，即"页面淘汰算法"。

2. 页表机制

为了实现请求分页式存储管理，必须有页表数据结构、缺页中断和地址变换机制的配合来完成。

页表是请求分页式存储管理的主要数据结构，其主要作用仍然是记录页和块的对应关系，只是用户作业一部分在内存，一部分在外存，须在页表中增加若干项，为页的调用与置换提供参考信息。请求分页式存储管理页表的字段主要包括：页号、块号、状态位、访问字段、修改位、外存地址，各字段的说明如下。

页号：虚拟地址空间中的页号。

物理块号：该页所占用内存中的物理块号。

状态位：状态位又称缺页中断位，用于指示该页是否已调入内存。如果值为 1，则表示此页已在内存；如果值为 0，则表示产生了缺页。

访问字段：访问字段又称引用位或访问位，用于记录该页在一段时间内被访问的次数，或记录该页最近已有多长时间未被访问，供选择换出页面时参考。

修改位：修改位表示该页在调入内存后是否被修改过。如果值为 0，则表示未修改过；如果值为 1，则表示修改过。由于内存中的每一页都在外存上保留一份副本，因此若未被修改，在淘汰该页时就不需要将该页写回到外存上，以减少系统的开销和启动磁盘的次数；若已被修改，则必须将该页重写在外存上，以保证外存中所保留的始终是最新副本。

外存地址：外存地址用于指出该页内容存放在外存的地址，缺页时相应程序会根据这个地址把所需页调入内存。

3. 缺页中断与地址变换

在请求分页式存储管理系统中，当要访问的页面不在内存上时，便产生缺页中断，由操作系统把所缺页面调入内存。缺页中断作为一种中断，同样需要经历如保护 CPU 现场、分析中断原因、转入缺页中断处理程序、恢复 CPU 现场等步骤。不同于其他中断，缺页中断在指令执行期间产生和处理中断信号，而且在一条指令执行期间，可能产生多次缺页中断。

在请求分页式存储管理系统中的地址变换机构，是建立在静态分页式存储管理系统地址变换机构的基础上，由虚拟存储器增加缺页中断、页面调入和置换等功能来实现的。在进行地址变换时，首先检索块表，试图从中找出所要访问的页。若找到，便修改页表项中的访问字段。对于写指令，还须修改位置 1，然后利用页表项中页号对应的物理块号和页内地址计算出物理地址。如果块表中未找到该页的页表项，则应到内存中去查找页表，再从找到的页表项中的状态位来获知该页是否已调入内存。若该页已调入内存，则应将此页的页表项写入块表，当块表已满时，应先调出按某种算法所确定的页的页表项，然后再写入该页的页表项；若该页尚未调入内存，则应产生缺页中断，请求操作系统从外存把该页调入内存。

4. 页面淘汰算法

对于分页式存储管理，当内存空间已满，又要调入页面时，必须把内存中的页置换出去，选择哪一页置换出去的方法叫页面淘汰算法或页面置换算法。页面淘汰算法的设计直接影响到操作系统性能的好坏，一个好的页面淘汰算法应该有较低的页面更换频率，避免页面刚调入就被淘汰，刚淘汰又被调入的"抖动"现象。一般用缺页中断率来描述页面淘汰算法的好坏，缺页中断率 $f = F/A$，F 为缺页中断次数，A 为页面总数。

理论上讲，应将那些以后不再会访问的页面换出，或把那些在较长时间内不会再访问的页面调出，目前主要的页面淘汰算法有：先进先出页面淘汰算法 FIFO、最近最久未使用页面淘汰算法 LRU、最优页面淘汰算法 OPT。

（1）先进先出页面淘汰算法是最早提出的简单算法，是选择在内存中驻留时间最长的页面淘汰，即先进入内存的页先被换出内存。该算法实现简单，只需要把已调入内存的页面，按先后次序连接成一个队列，并设置一个指针，使它总是指向最早进入的页面，每次淘汰最早进入的页面。

（2）最近最久未使用页面淘汰算法着眼于页面的使用频率，是把最长时间未被访问过的页面淘汰出去。这种方法基于程序的局部性原理，认为一个页面刚被访问过，在不久的将来再被访问的可能性大；反之被访问的可能性就小。

（3）最优页面淘汰算法又称最佳页面淘汰算法，这是一种理想型淘汰算法，是把将来不再被使用或者使用得最少的页面淘汰出去。采用这种算法，理论上能保证有最少的缺页率，但是这种算法是无法实现的，因为它必须预知作业整个运行期间的页面走向情况，因此该算法只能作为一个评价其他算法的标准。

一个作业运行的页面走向为：1、2、3、4、2、1、3、5、2、1、3、1。假定内存只有三个内存块，一开始作业全部在外存，三个内存块均为空，先进先出页面淘汰算法的过程如表 4-1 所示，最近最久未使用页面淘汰算法的过程如表 4-2 所示，最优页面淘汰算法的过程如表 4-3 所示。

表 4-1　先进先出页面淘汰算法

页面走向	1	2	3	4	2	1	3	5	2	1	3	1
内存块 1	1	1	1	4	4	4	4	4	2	2	2	2
内存块 2		2	2	2	2	1	1	1	1	1	3	3
内存块 3			3	3	3	3	3	5	5	5	5	1
缺页统计	√	√	√	√		√		√	√		√	√

缺页中断率为：$f = F/A = 10/12 = 0.8$

表 4-2　最近最久未使用页面淘汰算法

页面走向	1	2	3	4	2	1	3	5	2	1	3	1
内存块 1	1	1	1	4	4	4	3	3	3	1	1	1
内存块 2		2	2	2	2	2	2	5	5	5	3	3
内存块 3			3	3	3	1	1	1	2	2	2	2
缺页统计	√	√	√	√		√	√	√	√	√	√	

缺页中断率为：$f = F/A = 10/12 = 0.8$

表4-3 最优页面淘汰算法

页面走向	1	2	3	4	2	1	3	5	2	1	3	1
内存块1	1	1	1	1	1	1	1	1	1	1	1	1
内存块2		2	2	2	2	2	2	2	2	2	3	3
内存块3			3	4	4	4	3	5	5	5	5	5
缺页统计	√	√	√	√			√	√			√	

缺页中断率为：$f = F/A = 7/12 = 0.58$

5. 请求分页式存储管理的优缺点

请求分页式存储管理的优点如下：

（1）具有分页式存储管理作业离散装入内存的特点；

（2）不要求作业全部一次性装入内存空间，从而解决了小内存大作业的问题。

请求分页式存储管理的缺点如下：

（1）地址变换机构、缺页中断的产生和页面淘汰等都要有相应的硬件支持；

（2）增加了系统开销；

（3）依赖页面的调度淘汰算法，如果算法选择不当，会产生页面不断出入内存的"抖动"现象；

（4）与分页式存储管理相同，平均每个作业仍要浪费半页大小的内存，依然存在"内部碎片"。

 习题4

一、选择题

1. 把作业地址空间中使用的逻辑地址变成内存中的物理地址称为（　　　）。

　A. 加载　　　　　　　　　　　　　B. 地址重定位

　C. 物理化　　　　　　　　　　　　D. 逻辑化

2. 在可变分区管理方式中，最优适应算法是将空闲分区在空闲分区表中按（　　　）次序排列。

　A. 地址递增　　　　　　　　　　　B. 地址递减

　C. 容量递增　　　　　　　　　　　D. 容量递减

3. 采用（　　　）不会产生内部碎片。

　A. 分页式存储管理　　　　　　　　B. 分段式存储管理

　C. 固定分区式存储管理　　　　　　D. 段页式存储管理

4. 下列所列的存储管理方案中，（　　）实行的不是动态重定位。

A. 固定分区　　　　　　　　　　B. 可变分区

C. 分页式　　　　　　　　　　　D. 请求分页式

5. 在请求分页存储管理中，若采用 FIFO 页面淘汰算法，则当分配的页面数增加时，缺页中断的次数（　　）。

A. 减少　　　　　　　　　　　　B. 增加

C. 无影响　　　　　　　　　　　D. 可能增加也可能减少

6. 系统出现"抖动"现象的主要原因是（　　）。

A. 置换算法选择不当　　　　　　B. 交换的信息量太大

C. 内存容量不足　　　　　　　　D. 采用页式存储管理策略

7. 作业在执行中发生了缺页中断，那么经中断处理后，应返回执行（　　）命令。

A. 被中断的前一条　　　　　　　B. 被中断的那一条

C. 被中断的后一条　　　　　　　D. 程序第一条

8. 下面的（　　）页面淘汰算法有时会产生异常现象。

A. 先进先出　　　　　　　　　　B. 最近最少使用

C. 最不经常使用　　　　　　　　D. 最佳

9. 在下列因素中，不对缺页中断次数产生影响的是（　　）。

A. 内存分块的尺寸　　　　　　　B. 程序编制的质量

C. 作业等待的时间　　　　　　　D. 分配给作业的内存块数

10. 采用分段存储管理的系统中，若地址用 24 位表示，其中 8 位表示段号，则允许每段的最大长度是（　　）。

A. 2^{24}　　　　　　　　　　　　B. 2^{16}

C. 2^{8}　　　　　　　　　　　　D. 2^{32}

11. 动态地址重定位技术依赖于（　　）。

A. 重定位装入程序　　　　　　　B. 重定位寄存器

C. 允许程序移动　　　　　　　　D. 扩充主存容量

12. 实现虚拟存储器的目的是（　　）。

A. 进行存储保护　　　　　　　　B. 允许程序浮动

C. 允许程序移动　　　　　　　　D. 扩充主存容量

二、填空题

1. 将作业相对地址空间的相对地址转换成内存中的绝对地址的过程称为_____。

2. 存储管理中，对存储空间的浪费是以_____和_____两种形式表现出来的。

3. 地址重定位可分为_____和_____两种。

4. 在可变分区存储管理中采用最佳适应算法时，最好按_____法来组织空闲分区链表。

5. 分页式存储管理的页表主要应该包含_____和_____两个信息。

6. 静态重定位是在程序_____时进行，动态重定位在程序_____时进行。

7. 在请求分页式存储管理时，页面淘汰是由_____什么引起的。

8. 在采用请求分页存储管理系统中，地址变换过程中可能会因为_____、_____和_____等原因而产生中断。

三、简答题

1. 简述存储管理的基本功能。

2. 什么是逻辑地址和物理地址？

3. 试述请求分页式存储管理的实现原理及地址变换方法。

4. 试述请求分段式存储管理的实现原理。

5. 试给出几种存储保护方法，并说明各方法运用于何种场合？

6. 试述各种存储管理中可能产生何种碎片？

7. 试述分页式存储管理中决定页面大小的主要因素。

8. 一个虚地址结构用 24 个二进制位表示，其中 8 个二进制位表示页面尺寸。试问这种虚拟地址空间总共多少页？每页的尺寸是多少？

9. 某虚拟存储器的用户编程空间共 32 个页面，每页为 1KB，内存为 16KB。假定某时刻一用户页表中已调入内存的页面的页号和物理块号的对照表如下：

页号	物理块号
0	5
1	10
2	4
3	7

则逻辑地址 101001011100 所对应的物理地址是什么？

项 目 5

设备管理

设备是指计算机系统中的外部设备，包括外存、输入设备和输出设备。设备管理的主要任务是完成用户提出的输入输出请求，为用户分配输入输出设备，提高 CPU 与设备的利用率等。本项目主要包括掌握设备管理的概念及功能、认识 I/O 系统、认识设备的分配与回收、认识设备管理采用的技术四个任务。

任务 5 – 1　掌握设备管理的概念及功能

任务描述

计算机系统连接着各种各样的外部设备，操作系统如何控制和管理这些外部设备？

学习目标

- 理解设备管理的概念
- 认识设备管理的功能
- 认识设备的分类

计算机系统的外部设备种类繁多，特性各异，操作方式也有较大差别，这使得操作系统的设备管理较为复杂，设备管理需要解决：如何有效利用设备的问题，如何发挥 CPU 和设备的并行工作能力的问题，如何方便用户使用设备的问题。

5.1.1　设备管理的概念

对于操作系统，除了 CPU 和内存，其他的设备都称为外部设备，主要为输入输出设备，例如外存、鼠标、键盘、显示器、打印机和扫描仪等。这些外部设备种类繁多、功能和速度各异，操作方式也各不相同，设备管理则是协调、控制和管理这些外部设备，完成设备和系统的控制以及数据传输，充分发挥外设之间，外设与 CPU 之间的并行工作能力，实现系统资源的高效使用。

5.1.2　设备管理的功能

为了实现设备管理的协调目标，设备管理应具备以下功能：

（1）设备分配。按照设备类型和相应的分配算法把设备分配给请求该设备的进程。如果在 I/O 设备和 CPU 之间还存在设备控制器和通道，则还需要分配相应的设备控制器和通道。将未分配到所请求设备的进程放入等待队列。当设备使用完毕后，设备管理软件应该及时回收。如果有用户进程正在等待使用，那么马上进行再分配。为了实现设备分配，系统中设置一些数据结构，用于记录设备的状态。

（2）设备处理。设备处理程序实现 CPU 和设备控制器之间的通信。进行 I/O 操作时，由 CPU 向设备控制器发出 I/O 指令，启动设备进行实际 I/O 操作；当 I/O 操作完成时，CPU 能对设备发来的中断请求做出及时的响应和处理。

（3）缓冲管理。为解决高速 CPU 与慢速 I/O 设备之间的矛盾，在内存开辟"缓冲区"，进行缓冲区建立、分配、释放及有关的管理工作。

（4）设备独立性。设备独立性又称设备无关性，是指用户在编制应用程序时，要尽量避免直接使用实际设备名。如果程序中使用了实际设备名，则当该设备没有连接在系统中或者该设备发生故障时，用户程序无法运行。如果用户程序不涉及实际设备而使用逻辑设备，那么它所要求的输入/输出便与物理设备无关。设备独立性可以提高用户程序的可适应性，使程序不局限于某个具体的物理设备。

5.1.3　设备的分类

计算机系统具有各种各样的设备，可以按设备的从属关系、操作特性、设备共享属性或信息交换单位对设备进行分类。

（1）按设备的从属关系分类。按设备的从属关系可以把设备分为系统设备和用户设备，系统设备是指操作系统生成时已经登记在操作系统中纳入操作系统管理范围的设备，如显示器、键盘、打印机等。用户设备是指操作系统生成时未登记在操作系统中的设备，如绘图仪、扫描仪、手写板等。

（2）按操作特性分类。按操作特性可以把设备分为存储设备和输入输出设备。存储设备是指用来存放信息的设备，如磁盘、磁带等。输入输出设备是指向 CPU 传输信息和输出加工处理信息的设备，如键盘、显示器、打印机等。

（3）按设备共享属性分类。按设备共享属性可以把设备分为独享设备、共享设备和虚拟设备。独享设备是指在一段时间内只允许一个进程访问的设备。系统一旦把这种设备分配给一个进程后，便由该进程独占，直到用完释放，其他进程才能使用该设备。多数低速设备都属于此类设备，如打印机。共享设备是指在一段时间内允许多个进程访问的设备，如磁盘。虚拟设备是指通过虚拟技术将一台独占设备变换为若干台逻辑设备，供若干个进程同时使用的设备，如虚拟打印机。

（4）按信息交换单位分类。按信息交换单位可以把设备分为块设备和字符设备。块设备是指处理信息的基本单位是字符块的设备。一般块的大小为512B～4KB，如磁盘、磁带等。字符设备是指处理信息的基本单位是字符的设备，如键盘、显示器、打印机等。

任务5-2 认识I/O系统

任务描述

操作系统对于多种不同传输速率的外部设备，如何完成协调和控制？

学习目标

- 认识I/O系统的结构
- 认识I/O系统的控制方式

I/O系统用于实现数据输入输出及数据存储，在I/O系统中除了需要直接用于I/O和存储信息的设备外，还要有相应的设备控制器和高速总线。在一些大中型系统中，还配置了I/O通道或I/O处理机。

5.2.1 I/O系统的结构

不同级别的计算机系统，其I/O系统的结构也不同，通常分为微机I/O系统和主机I/O系统。

如图5-1所示，微机I/O系统一般采用总线结构，CPU和内存直接连接到总线上，I/O系统设备通过设备控制器连接到总线上，CPU不直接与I/O设备通信，而是与设备控制器进行通信，通过设备控制器再控制设备。作为处理器和设备之间的接口，要根据不同的设备类型选择不同的设备控制器，例如磁盘控制器、打印机控制器等。

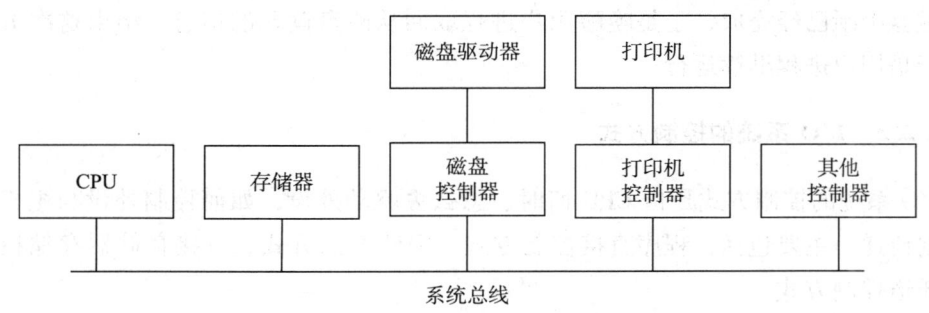

图5-1 I/O系统总线结构

当主机所配置的I/O设备较多，特别是配有较多的高速外设时，总线型I/O系统会加重 CPU 与总线的负担，因此不适合采用这种单总线结构，必须增加一级 I/O 通道。引入通道的目的是建立独立的 I/O 操作，不仅让数据传输独立于 CPU，数据的传输控制也尽量独立于 CPU，引入通道之后，CPU 只需向通道发一条 I/O 指令，其他工作都由通道完成，通道工作结束后才向 CPU 发出中断信号，其系统结构如图 5 - 2 所示，分为 4 级，最低级为 I/O 设备，次低级为设备控制器，次高级为 I/O 通道，最高级为主机 CPU，一个通道可以控制一个或多个设备控制器，一个设备控制器可以控制一个或多个设备。

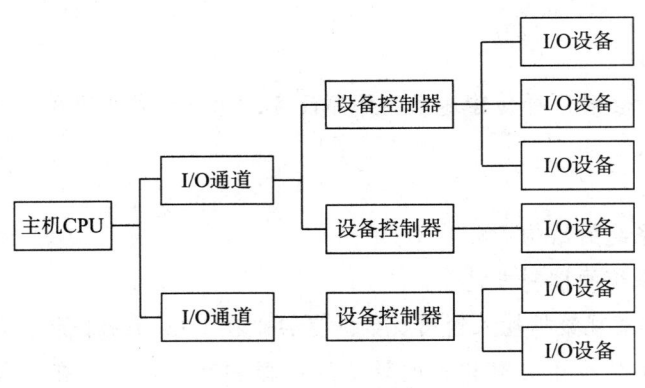

图 5 - 2　I/O 系统结构

5.2.2　I/O 系统的层次结构

I/O 系统可以分为三个层次，即底层的 I/O 中断处理程序、中间层的设备驱动程序和高层的 I/O 管理程序。I/O 中断处理程序在硬件完成 I/O 操作后，负责唤醒设备驱动程序；设备驱动程序依赖硬件，负责设置寄存器、检查设备状态；I/O 管理程序与硬件无关，负责 I/O 系统设备名解析、阻塞与缓冲分配等。例如，作业程序要读取磁盘文件，通过 I/O 管理程序调用磁盘设备驱动程序，向磁盘发出请求，之后用户进程阻塞等待磁盘操作完成，当磁盘操作完成时产生中断，I/O 中断处理程序检查中断原因，认识到磁盘中断已经完成，于是唤醒用户进程取回从磁盘读取的信息，结束这次 I/O 请求，于是用户进程继续运行。

5.2.3　I/O 系统的控制方式

I/O 系统的控制方式是指 CPU 何时、怎么去驱动外设，如何控制外设与主机之间的数据传递，主要包括：程序直接控制方式、中断控制方式、直接存储器存储控制方式和通道控制方式。

（1）程序直接控制方式。程序直接控制方式指在一个设备的操作没有完成时，控制程序一直检测设备的状态，直到该操作完成才能进行下一个操作。当用户需要输入数据时，由处理器向设备控制器发出一条输入输出指令，启动设备进行输入，在设备输入数据期间，处理器通过循环执行测试指令不间断地检测设备状态寄存器的值，直到其值表示设备输入完成时，处理器将数据寄存器中的数据取出，存进内存指定的存储单元，然后启动设备读取下一个数据；当用户进程需要向设备输出数据时，也同样通过发出启动指令启动设备输出，并等待输出操作完成。

由于 CPU 的工作速度远高于外部设备，CPU 会长期处于等待外设完成数据传输的状态，这极大地降低了 CPU 资源的利用率，因此这种方式只适用于早期的计算机系统，目前已经不再使用。

（2）中断控制方式。中断控制是指计算机在执行期间，系统内发生任何非寻常的或非预期的急需处理事件，使得 CPU 暂时中止当前正在执行的程序而转去执行相应的事件处理程序，待处理完毕后又返回原来被中止处继续执行或调度新的进程执行的过程。现代计算机系统都引入了中断机构，因此，对于输入输出设备的控制大都由相应的中断处理程序完成。

在中断控制方式中，CPU 不必循环测试、等待外设，仅仅当接到中断请求时才花费极短的时间去处理中断，与程序直接控制方式相比，CPU 的利用率大大提高。但是，每当数据充满数据寄存器时，I/O 设备就要通过其控制器向 CPU 发送次中断请求，如果连续传送一块较大的数据块，则需要经过多次中断，这样 CPU 会因为过于频繁的接收中断请求而降低效率。

中断方式一般用于低速字符设备，如键盘、打印机、低速 MODEM 等。而对于高速外设的访问则应采用直接存储器访问方式。

（3）直接存储器存储控制方式。直接存储器存取控制方式采用中断控制方式，数据的输入和输出是以字节为单位进行的。每传送一个字节的数据，控制器就向 CPU 请求一次中断，使 CPU 在数据传送时仍然处于忙碌状态。直接存储器访问（Direct Memory Access，DMA）控制方式在外部设备和内存之间建立了直接的数据通路，即外设和内存之间可直接读写数据。数据传送的基本单位是数据块，整块数据的传送由 DMA 控制器完成（与一般的设备控制器相比，DMA 控制器增加了字节计数器、内存地址寄存器）。在 DMA 控制器的作用下，设备和主存之间可以成批地进行数据交换，而不需要 CPU 进行干涉，仅在一个或多个数据块传送的开始和结束时，才需要 CPU 进行处理。

（4）通道控制方式。在 DMA 控制方式中，数据的输入和输出是以数据块为单位进行的。每传送一个数据块的数据，DMA 控制器就向 CPU 请求中断一次。这样虽然比中断方式减少了对 CPU 的中断次数，但是，当数据量较大时，仍需要 CPU 发出多次输入/输出指令，来完成数据的传递。通道控制方式让 CPU 发出一次输入/输出指令，就可以完成一组数据块的传递。

通道是比 DMA 控制器功能更强的一种硬件，具有自己的一套通道指令。一个通道相当于一个专用的 I/O 处理机，可以控制一台或者几台外部设备的控制器，进一步提高了外设的并行程度。CPU 只需要发出启动指令，指出通道相应的操作和输入输出设备，该指令就可以启动通道并使该通道从内存中调出相应的通道指令执行，完成一组数据块的输入/输出。

通道控制方式由 DMA 方式发展而来，它进一步减少了 CPU 的干预，实现了 CPU、通道和 I/O 设备三者之间的并行操作，从而更有效地提高了整个系统资源的利用率。因此通道控制方式适用于现代计算机系统中的大量数据交换。

任务5-3　认识设备的分配与回收

任务描述

操作系统对于多种外部设备发起的连接、传输请求，如何完成选择与资源分配、回收？

学习目标

- 了解设备管理相关的数据结构
- 认识设备分配的策略
- 认识设备驱动程序的功能及运行方式

当进程向系统提出 I/O 请求后，设备分配程序将按照一定的分配策略为其分配所需要的设备。同时还要分配相应的控制器和通道，以保证 CPU 与设备之间的通信。

5.3.1　设备管理的数据结构

操作系统为了完成设备的分配和控制，必须要有相应的数据结构来记录系统中有关设备、控制器和通道的状态信息，包括设备控制块（DCB）、系统设备表（SDT）、控制器控制表（COCT）和通道控制表（CHCT）等。

（1）设备控制块。设备控制块又称设备控制表，它主要反映设备的特性、设备和 I/O 控制器的连接情况。其主要内容有：设备标识符，用来区别设备；设备类型，反映设备的特性，如终端设备、块设备或字符设备等；设备地址或设备号，由计算机组成原理可知，每个设备都有相应的地址或设备号，这个地址既可以是和内存统一编址的，也可以是单独编址的；设备状态，指设备在处理工作还是空闲中；等待队列指针，等待使用该设备的进程组成等待队列，其队首和队尾指针存放在 DCB 中；I/O 控制器指针，指向与该设备相连接的 I/O 控制器。

（2）系统设备表。系统设备表是系统范围的数据结构，整个系统只有一张，其中记录了系统中全部设备的情况。每个设备占一个表目，其中包括设备类型、设备标识符、设备控制表及设备驱动程序的入口等项。

系统设备表的主要意义在于反映系统中设备资源的状态，即系统中有多少设备，其中有多少是空闲的，又有多少已经分配给了哪些进程。

（3）控制器控制表。控制器表也是每个控制器一张，它反映 I/O 控制器的使用状态及和通道的连接情况等，又称适配器，在 DMA 方式下是没有该项的。它的内容主要包括控制器标识符、控制器忙闲状态、通道控制表指针、控制器队列队首指针、控制器队列队尾指针等。

（4）通道控制表。通道控制表只在通道控制方式的系统中存在。每个通道也都配有一张通道控制表。它的内容主要包括通道标识符、通道忙闲状态、通道队列队首指针、通道队列队尾指针等。显然，一个进程只有获得了通道、控制器和所需设备之后，才具备了进行 I/O 操作的物理条件。

这几张表互有关联，在系统设备表中有指向设备控制表的指针，在设备控制表中有指向该设备控制器控制表的指针，在控制器控制表中有指向与该控制器连接的通道控制表的指针。

5.3.2   设备分配策略

在多道程序设计的系统环境中，多个进程会产生对某类设备的竞争问题，操作系统在进行设备分配时应考虑设备的使用性质、设备的分配算法和设备的独立性。

（1）设备的使用性质。按照设备自身的使用性质，可以采用以下三种不同的分配方式：独占分配、共享分配、虚拟分配。独占分配适用于大多数低速设备，如打印机；共享分配适用于高速设备，如磁盘；虚拟分配适用于虚拟设备。根据设备的使用性质来决定一台设备可以分给几个进程。

（2）设备的分配算法。设备的分配算法主要是确定把设备分给哪个进程。系统通常采用的设备的分配算法有先来先服务和优先权算法两种。

先来先服务算法：它是根据进程发出请求的先后顺序，把这些进程排成一个设备请求队列，设备分配程序总是把设备分配给队首进程。在 Windows 系统中，如果有多个文档申请打印，系统会将所有文档按照提出请求的顺序排列，放到打印队列中，然后依次进行打印输出。

优先权算法：它是按照进程的优先权的高低进行设备分配，谁的优先权高就先把设备分给谁，对优先权相同的按照先请求先服务的算法排队。

（3）设备的独立性。设备的独立性，又称设备无关性，是指程序独立于具体使用的物理设备，即用户在编制程序时所使用的设备与实际使用的设备与用户编程无关时，不用关心系统都配置了哪些设备，也不需要了解各种设备的特性，只要按照惯例为所用的设备起个逻辑名字，称为逻辑设备名。系统为了能识别全部外设，给每台外设分配一个唯一的 ID，称为物理设备名。

当用户进程以逻辑设备名来请求使用某类设备时，操作系统将在该类设备中根据设备的使用情况，将任一台合适的物理设备分配给该进程，而在进程实际执行时使用物理设备名，它们之间的关系类似存储管理中的逻辑地址和物理地址的关系。

5.3.3　设备驱动程序

所有与设备相关的代码放在设备驱动程序中，它是 I/O 进程与设备控制器之间的通信程序，直接同硬件打交道。其任务是接受来自与设备无关的上层软件的抽象 I/O 请求，实施指定的 I/O 任务。不同的设备对应不同的设备驱动程序。在不同的系统中，设备驱动程序的运行方式有所不同，大体可分为四种。

（1）整个系统仅建立一个设备驱动程序，统一负责所有设备的驱动工作，或者为块设备和字符设备各建立一个设备驱动程序，分别负责所有块设备和所有字符设备的驱动工作。

（2）为每一类设备建立一个设备驱动进程，负责该设备类型中各台设备的驱动工作。

（3）为每台设备建立一个设备驱动进程，分别负责专门设备的驱动工作。同类设备的各驱动程序共享该类设备的设备驱动程序。

（4）不设置专门的 I/O 控制过程，由进程自己调用相应的设备驱动程序。

设备驱动程序的基本功能有四条，前两条是 I/O 请求方向的功能，后两条是 I/O 应答方向的功能。

（1）接受 I/O 请求，对它进行从抽象到物理的转换，构造出相应的 I/O 操作命令。

（2）把构造好的 I/O 程序的首地址送入通道地址字 CAW，或把 I/O 操作命令送入控制器的寄存器，启动通道或控制器执行。

（3）收集设备完成后的结果状态信息（正常或非正常的），把它们返回给调用者。

（4）处理某些可恢复性错误。

任务 5-4　认识设备管理采用的技术

任务描述

操作系统采用哪些技术完成设备管理？

学习目标

- 认识缓冲技术
- 认识中断技术
- 认识假脱机技术

操作系统设备管理采用缓冲技术协调高速 CPU 与低速外部设备的传输速度矛盾，采用中断技术响应优先权高的设备处理请求，采用假脱机技术把独享设备变为共享设备，提高设备的利用率。

5.4.1　缓冲技术

现代操作系统采用缓冲技术协调吞吐速度不一致的设备之间的数据传送工作，提高 CPU 和 I/O 设备的并行性。在设备管理中，引入缓冲技术的主要原因，可归纳为以下几点：

（1）缓和 CPU 与 I/O 设备间速度不匹配的矛盾。一般情况下，CPU 的工作速度快，I/O 设备的工作速度慢，二者在进行数据传送时，很可能造成数据大量积压在 I/O 设备处，从而影响 CPU 的工作。在二者之间设置缓冲区后，CPU 处理的数据可以传送到缓冲区（或从缓冲区读取数据），I/O 设备从缓冲区读取数据（或向缓冲区写入数据），从而使 CPU 与 I/O 设备的工作速度得以提高。

（2）减少对 CPU 的中断频率，放宽对中断响应时间的限制。没有缓冲区时，每次 CPU 读取或写入数据都需要中断 CPU；若设置了缓冲区，CPU 可以从缓冲区读取数据或向缓冲区写入数据，只有缓冲区没有数据或缓冲区已满时才中断 CPU。

（3）提高 CPU 与 I/O 设备间的并行性。CPU 与 I/O 设备间引入缓冲区后，可以显著地提高 CPU 和 I/O 设备的并行操作程度，提高系统的吞吐量和设备的利用率。例如，在 CPU 和打印机之间设置了缓冲区后，可以使 CPU 与打印机并行工作。

缓冲技术实现的方法主要有硬件缓冲和软件缓冲，硬件缓冲采用专门的硬件缓冲器，如 I/O 控制器中的数据缓冲寄存器；软件缓冲在内存中开辟出 n 个单元的专门缓冲区，以存放 I/O 数据。软件缓冲易于改变缓冲区的大小和数量，但是要占用一部分内存，硬件缓冲不会占用内存资源，但是价格较高，一般情况下，都会使用软件缓冲。

根据系统设置缓冲区域的个数，可以将缓冲技术分为单缓冲、双缓冲和缓冲池。

（1）单缓冲。单缓冲是指在设备和处理器之间设置一个缓冲区，用于数据的传输。在设备和处理器交换数据时，先把被交换的数据写入缓冲区，然后需要数据的设备或处理器再从缓冲区读取数据。当缓冲区中的数据没有处理完毕时，处理第二个数据的进程必须等待。单缓冲技术的特点是：在主存中只有一个缓冲区。对于块设备，该缓冲区可以存放一块数据，对于字符设备，该缓冲区可以存放一行数据。设备和处理器对缓冲区的操作是串行的，传输速度慢。在任一时刻，只能进行单向的数据传输，并且传输数据量较少。

（2）双缓冲。双缓冲是指在设备和处理器之间设置两个缓冲区。双缓冲在设备输入时，输入设备先将第一个缓冲区装满数据，在输入设备装填第二个缓冲区时，处理器可以从第一个缓冲区取出数据供用户进程处理；当第一个缓冲区中的数据取走后，若第二个缓冲区已填满，则处理器可以从第二个缓冲区取出数据进行处理，与此同时输入设备又可以装填第一个缓冲区。如此循环进行，可以加快输入和输出速度，提高设备的利用率。双缓冲技术的特点是：在主存中设置两个缓冲区，完成数据的传输。

两个缓冲区交替使用，提高了处理器和输入设备的并行操作能力。在任一时刻，可以进行双向的数据传输，一个缓冲区用于输入，另一个用于输出。双缓冲适用于输入/输出、生产者/消费者速度基本相匹配的情况。当传输数据量较大，或者两者的速度相差较远时，双缓冲区效率较低。

（3）缓冲池。当系统较大时，可以利用供多个进程共享的缓冲池来提高缓冲区的利用率。缓冲池的组成包括空（闲）缓冲区、装满输入数据的缓冲区、装满输出数据的缓冲区，同类缓冲区以链的形式存在。另外，还应有四种工作缓冲区：用于收容输入数据的工作缓冲区、用于提取输入数据的工作缓冲区、用于收容输出数据的工作缓冲区、用于提取输出数据的工作缓冲区。当输入进程需要输入数据时，便从空缓冲区队列的队首取出一个空缓冲区，把它作为收容工作缓冲区，然后把数据输入其中，装满后再把它挂到输入队列队尾。当计算进程需要输入数据时，便从输入队列取得一个缓冲区作为提取输入工作缓冲区，计算进程从中提取数据，数据用完后再将它挂到空缓冲区队尾；当计算进程需要输出数据时，便从空缓冲区队列的队首取出一个空缓冲区，作为收容输出工作缓冲区，当其中装满输出数据后，再将它挂到输出队列队尾。当要输出时，由输出进程从输出队列取得一个装满输出数据的缓冲区，作为提取输出工作缓冲区，当数据提取完后，再将它挂到空缓冲区队列的队尾。

缓冲池的特点是：缓冲池结构复杂，在主存中设置公用缓冲池，在池中设置多个可以供多个进程共享的缓冲区。缓冲区既可以用于输入，又可以用于输出（即共享）。缓冲池的设置，减少了内存空间的消耗，提高了内存的利用率。

5.4.2　中断技术

中断是指由于某些事件的出现，CPU 中止现行进程的执行，转去执行相应的事件处理程序，处理完毕后，再继续运行被中止进程的过程。引起中断发生的事件称为中断源。中断事件通常由硬件触发，对出现的事件进行处理的程序称为中断处理程序，中断处理程序是由操作系统处理的，属于操作系统的组成部分。在处理器执行完一条指令后，硬件的中断装置就立即检查有无中断事件发生。若无，继续执行下一条指令；若有则停止现行进程，由操作系统中的中断处理程序占用处理器。这一过程称为"中断响应"。

一般把中断分为硬件故障中断、程序中断、外部中断、输入输出中断和访管中断。

（1）硬件故障中断。硬件故障中断是由机器故障造成的中断，如电源故障、主存出错。

（2）程序中断。程序中断指由程序执行到某条机器指令时可能出现的各种问题而引起的中断，如发现定点操作数溢出、除数为 0、地址越界等。

（3）外部中断。外部中断是由各种外部事件引起的中断，如按了中断键、定时时钟时间到等。

（4）输入输出中断。输入输出中断是由输入输出控制系统发现外围设备完成了输入输出操作或在执行输入输出时通道或外围设备产生错误而引起的中断。

（5）访管中断。访管中断是用户程序在运行中请求操作系统为其提供服务而执行一条"访管指令"所引起的中断，又称软件中断。

前四种中断是被动的、强迫的中断，最后一种中断是主动的、自愿的中断。

5.4.3 假脱机技术

假脱机技术（SPOOLing）在多道程序环境下，利用多道程序中的一道程序来模拟脱机输入/输出中的外围控制机的功能，以达到"脱机"输入/输出的目的。利用这种技术可把独占设备转变成共享的虚拟设备，从而提高独占设备的利用率和进程的推进速度。

如图 5 – 3 所示，SPOOLing 系统包括以下三部分内容：

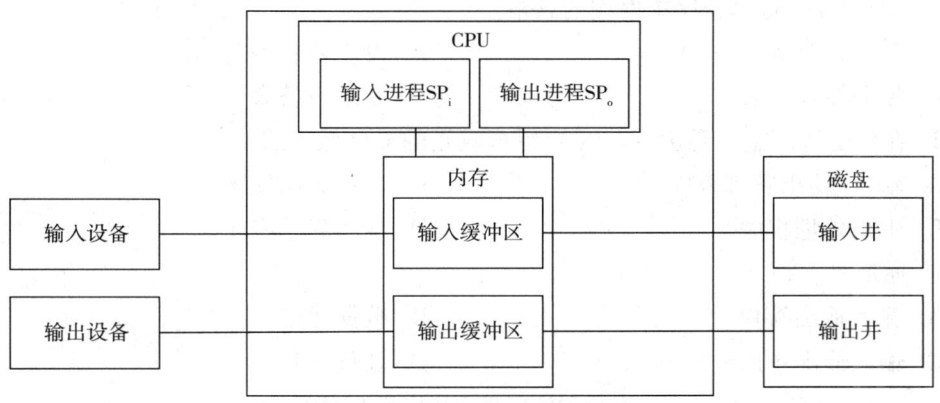

图 5 – 3 SPOOLing 系统

（1）输入井和输出井。输入井和输出井是在磁盘开辟的两个大存储空间。输入井是模拟脱机输入时的磁盘设备，用于暂存 I/O 设备输入的数据；输出井是模拟脱机输出时的磁盘，用于暂存用户程序的输出数据。输入井和输出井是把一台独享设备变为共享设备的物质基础。

（2）输入缓冲区和输出缓冲区。为了缓和 CPU 和磁盘之间速度不匹配的矛盾，在内存中要开辟两个缓冲区：输入缓冲区和输出缓冲区。输入缓冲区用于暂存由输入设备送来的数据，之后再传送到输入井。输出缓冲区用于暂存从输出井送来的数据，以后再传送给输出设备。

（3）输入进程 SP_i 和输出进程 SP_o。SPOOLing 系统利用这两个进程来模拟脱机 I/O 时的外围控制机。其中，进程 SP_i 模拟脱机输入时的外围控制机，将用户要求的数据从输入机通过输入缓冲区再送到输入井，当 CPU 需要输入数据时，直接从输入井读入内存；进程 SP_o 模拟脱机输出时的外围控制机，把用户要求输出的数据，先从内存送到输出井，待输出设备空闲时，再将输出井中的数据经过输出缓冲区送到输出设备上。

例如，如果操作系统连接的某台打印机采用了 SPOOLing 技术，那么若有进程要求对它打印输出时，SPOOLing 系统并不是将这台打印机直接分配给进程，而是在共享设备（磁盘）上的输出井中为其分配一块存储空间，进程的输出数据以文件形式保存在此。各进程的数据输出文件形成了一个输出队列，由输出进程 SP_o 控制这台打印机进程，依次将队列中的输出文件实际打印输出。在 SPOOLing 系统中，实际上并没有为任何进程分配打印机资源，而只是在输入井和输出井中，为进程分配一块存储区和建立一张 I/O 请求表。这样，便把独占设备改造为共享设备。

 习题 5

一、选择题

1. 设备管理程序对设备的分配和控制是借助一些数据结构表格进行的，下列（　　）不是设备管理程序中使用的表格。

A. 作业控制表 　　　　　　　　　　　B. 设备控制表

C. 控制器控制表 　　　　　　　　　　D. 系统设备表

2. 在设备管理中，是由（　　）完成真正的 I/O 操作的。

A. 输入/输出管理程序 　　　　　　　　B. 设备驱动程序

C. 中断处理程序 　　　　　　　　　　D. 设备启动程序

3. 通道是一种（　　）。

A. 输入输出端口 　　　　　　　　　　B. 数据通道

C. 输入输出专用处理器 　　　　　　　D. 软件工具

4. 下列内容中，（　　）不是 DMA 方式传输数据的特点。

A. 直接与内存交换数据 　　　　　　　B. 成批交换数据

C. 与 CPU 并行工作 　　　　　　　　D. 快速传输数据

5. 在 CPU 启动通道后，由（　　）执行通道程序，完成 CPU 所交给的 I/O 任务。

A. 通道 　　　　　　　　　　　　　　B. CPU

C. 设备 　　　　　　　　　　　　　　D. 设备控制器

6. 利用 SPOOLing 技术实现虚拟设备的目的是（　　）。

A. 把独享设备变为共享 　　　　　　　B. 便于独享设备的分配

C. 便于对独享设备的管理 　　　　　　D. 便于独享设备与 CPU 并行工作

7. 一般缓冲池位于（　　）中。

A. 设备控制器 　　　　　　　　　　　B. 辅助存储器

C. 主存储器 　　　　　　　　　　　　D. 寄存器

8. （　　）是直接存取的存储设备。

A. 磁盘 　　　　　　　　　　　　　　B. 磁带

C. 打印机　　　　　　　　　　　D. 键盘显示终端

9. 按照设备的（　　）分类，可将系统中的设备分为字符设备和块设备两种。

A. 从属关系　　　　　　　　　　B. 分配特性

C. 不强求系统资源的利用率　　　D. 不必向用户反馈信息

10. CPU 输出数据的速度远远高于打印机的打印速度，为了解决这一矛盾，可采用（　　）。

A. 并行技术　　　　　　　　　　B. 通道技术

C. 缓冲技术　　　　　　　　　　D. 虚存技术

二、填空题

1. 从资源管理的角度出发，I/O 设备可以分为_____、_____和_____。

2. 按所属关系可以把 I/O 设备分为_____和_____。

3. 常用的 I/O 控制方式有程序直接控制方式、_____、_____和_____。

4. DMA 控制器在获得总线控制权的情况下能直接与_____进行数据交换，无需 CPU 介入。

5. 通道是一个独立于 CPU 的、专门用来管理_____的处理机。

6. 引起中断发生的事件称为_____。

三、简答题

1. 简述设备管理的基本功能。

2. 简述各种 I/O 控制方式及其主要优缺点。

3. 什么叫虚拟设备？实现虚拟设备的主要条件是什么？

4. 总结在四种 I/O 控制方式中，设备和 CPU 在"启动、数据传输、I/O 管理及善后处理"各个环节中所承担的责任。

5. 试述 SPOOLing 系统三个组成软件的作用。

6. 什么是缓冲？为什么要引入缓冲？

文件管理

操作系统对计算机的管理包括硬件资源管理和软件资源管理，硬件资源主要是前面几个项目所涉及的管理对象；软件资源包括程序和数据，这类资源都是以文件的形式存放在外存中，由操作系统通过"文件管理"来完成对文件的管理、存取、共享和保护等操作。

任务6-1 掌握文件管理的概念

任务描述

操作系统以什么形式来存储管理系统中的软件资源？

学习目标

- 掌握文件的概念
- 认识文件的分类
- 认识文件管理的功能

文件是存储在外存上的软件资源集合，在操作系统中设计了对文件和文件目录相关的管理功能，称为文件管理。文件管理负责管理文件信息，并把对文件的存取、共享和保护等手段提供给操作系统和用户。

6.1.1 文件的概念

文件是以计算机存储介质为载体、具有标识的一组相关信息的集合，文件可以是文本文档、图片、程序等。文件系统把相应的程序和数据看作文件，并把它们存放在磁盘或磁带等大容量存储介质上，从而做到对程序和数据的透明存取。所谓透明存取，是指不必了解文件存放的物理结构和查找方法等与存取介质有关的部分，只需给定一个代表某段程序或数据的文件名，文件系统就会自动地完成对与给定文件名对应文件的有关操作。

大多数操作系统设置了专门的文件属性用于文件的管理控制和安全保护，它们虽非文件的信息内容，但对于系统的管理和控制是十分重要的。这组属性包括。

文件的基本属性：文件名称、文件所有者、文件授权者、文件长度等。

文件的类型属性：可以从不同的角度来规定文件的类型，如源文件、目标文件及可执行文件等。

文件的保护属性：如可读、可写、可执行、可更新、可删除等，可以改变保护及档案属性。

文件的管理属性：如文件创建时间、最后存取时间、最后修改时间等；

文件的控制属性：逻辑记录长、文件当前长、文件最大长，以及允许的存取方式标志，关键字位置、关键字长度等。

6.1.2　文件的分类

文件的分类是为了更好地管理和使用文件，提高文件的存取速度，实现文件的共享和保护，操作系统通过文件的扩展名来反映文件的类型，常见的文件分类方法如下。

（1）按性质和用途分类。

其一，系统文件。系统文件只允许用户通过系统调用或系统提供的专用命令来执行它，不允许用户对其进行读写和修改操作。这类文件主要由操作系统的内核和各种系统应用程序、工具和数据组成。

其二，用户文件。用户文件是由用户的源代码、可执行文件或数据等构成的文件，用户将这些文件委托给系统保管。这类文件只有文件的所有者或所有者授权的用户才能使用。

其三，库文件。库文件是由标准子程序及常用的例程等构成的文件。这类文件允许用户调用和查看，但是不允许修改，如 C 语言的函数库。

（2）按文件中的数据形式分类。文件中的数据形式是指组成文件的数据格式，按文件中的数据形式可以把文件分为以下几种。

其一，源文件。源文件是由源程序和数据构成的文件，通常由 ASCII 码或汉字组成。

其二，目标文件。目标文件指源程序经过相应计算机语言的编译程序编译，但尚未经过链接程序链接的目标代码所形成的文件。它属于二进制文件，通常使用的扩展名是". obj"。

其三，可执行文件。可执行文件是经编译后所产生的目标代码，再由链接程序链接后所形成的文件，通常使用的扩展名是". exe"。

（3）按文件的保护等级分类。

其一，可执行文件。可执行文件只允许被核准的用户调用执行，既不允许读，也不允许查看和修改。

其二，只读文件。只读文件只允许文件主及被核准的用户读取，但不允许写文件。

其三，读写文件。读写文件允许文件主及被核准的用户读文件和写文件。

（4）按文件的逻辑结构分类。

其一，有结构文件。这类文件是由若干条记录构成的，又称为记录式文件。按照记录的长度是定长的还是可变的，又可以分为定长记录文件和变长记录文件。其基本信息单位是记录，主要用于信息管理。

其二，无结构文件。这是直接由字符序列所构成的文件，故又称为流式文件。可以把流式文件看成是记录式文件的特例，即文件中每条记录只有一个字符。这种形式适用于存放源程序和目标代码等文件，UNIX 操作系统和 MS – DOS 均采用无结构文件形式。

（5）按文件的物理结构分类。

其一，顺序文件。顺序文件也称为连续文件，即把逻辑文件中的记录顺序地存储到连续的物理块中。在顺序文件中记录的次序与它们的物理存放次序是一致的。

其二，链接文件。文件中的记录可以存放在不相邻的各个物理块中，通过物理块中的链接指针，将它们链接成一个链表。

其三，索引文件。文件中的记录可以存储在不相邻的物理块中，然后为每个文件建立一张索引表，存放记录和物理块之间的映射关系。在索引表中每条记录设置有一个表项，用以存放该记录的记录号及其所在的物理块号。

（6）按照文件的内容分类。

其一，普通文件。存放要处理的数据文件，或处理数据的程序文件统称为普通文件。这一类文件在信息处理中占据主流。

其二，目录文件。在管理文件时，要建立每一个文件的目录项。当文件很多时，操作系统经常把这些目录项聚集在一起，构成一个文件来进行管理，而这种包含文件目录项的文件就称为目录文件。

其三，特殊文件。为了统一管理和方便使用，在操作系统中常以文件的观点来看待设备。如在 MS – DOS 中，文件 CON 就代表键盘或显示器设备，PRN 代表打印机。

6.1.3 文件系统的定义

文件是数据的一种组织形式，而文件管理系统是指文件和对文件进行操作和管理的软件集合。如图 6 – 1 所示，基于文件系统的概念而把数据的组成分为数据项、记录和文件三级。

（1）文件。文件是指由创建者所定义的、具有文件名的一组相关元素的集合，可分为有结构文件和无结构文件两种。在有结构的文件中，文件由若干个相关记录组成；而无结构文件则被看成是一个字符流。文件在文件系统中是一个最大的数据单位，它描述了一个对象集。例如，可以将一个班的学生记录作为一个文件。一个文件必须要

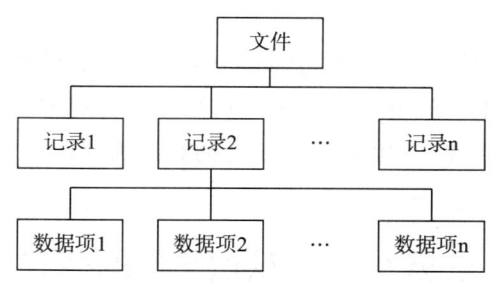

图 6 - 1　文件管理系统

有一个文件名，名字的长度因系统而异。

（2）记录。记录是一组相关的数据项的集合，用于描述一个对象在某方面的属性，它是文件中数据处理的基本单位，是组成文件的基本元素。如一个考生报名记录包括姓名、出生日期、报考学校代号、身份证等一系列域。

（3）数据项。数据项是指描述一个对象的某种属性的字符集。它是数据处理的最小单位，可分为以下两种类型：基本数据项和组合数据项。基本数据项用于描述一个对象的某种属性的字符集，如姓名、日期或证件号等，是数据中可命名的最小逻辑数据单位，即原子数据，又称数据元素或字段；组合数据项由多个基本数据项组成，例如工资就是一个组合数据项，它由基本工资、工龄工资和奖励工资等基本项组成。

6.1.4　文件管理的功能

1. 文件存储空间管理

通常文件都是存储在磁盘上的，所以磁盘空间的管理是文件管理需要考虑的一个主要问题。文件存储空间管理的任务是为每个文件分配必要的存储空间，提高存储空间的利用率，这有助于提高文件系统的工作速度。

2. 文件目录管理

文件目录管理的任务是为每个文件建立目录项，并对众多的目录加以组织，以实现文件的按名存取和共享，提供快速的目录查询手段，提高文件的检索速度。

3. 逻辑文件与物理文件的转换

为了方便用户，规定用户直接使用的是逻辑文件，用户使用文件时只要给出文件的名字和一些适当的说明信息，文件系统就能按照用户的要求把逻辑文件组织成物理文件存放到存储介质上或者把存储介质上的物理文件转换成逻辑文件供用户使用。

4. 文件读写管理

文件系统读写控制的主要任务：一是对拥有读写和执行权限的用户，允许他们对文件进行相应的操作；二是对没有相应权限的用户，禁止他们对文件进行相应的操作；三是防止一个用户冒充其他用户对文件进行读写操作；四是防止拥有存取权限的用户误用文件。

5. 文件共享和安全管理

文件共享是指不同的用户共同使用同一个文件。在文件共享的系统中，只需要保存该共享文件的一个副本，就可以减少文件复制操作花费的时间，节省大量的存储空间。文件的安全管理是指文件的保护，主要是防止人为因素或系统因素对文件的破坏。

任务6-2　认识文件的结构

任务描述

文件的组织形式是什么？文件如何存储？

学习目标

● 掌握文件的逻辑结构
● 掌握文件的物理结构

文件结构是指文件的构造方式，也称文件组织。通常，文件是由一系列的记录组成的。文件系统设计的关键是如何将大量的记录构造成一个文件，以及如何将一个文件存储到外存上。任何一个文件，都存在着逻辑结构和物理结构两种结构。

6.2.1　文件的逻辑结构

文件的逻辑结构是用户组织文件时可见的结构，即用户所观察到的文件组织形式。文件的逻辑结构是用户可以直接处理的数据及其结构，它独立于物理特性，又称为文件组织。

文件的逻辑结构从形式上分为两类，即无结构的流式文件和有结构的记录式文件。

（1）流式文件。流式文件是由字符序列组成的文件，其内部信息不再划分结构，也可以理解为字符是该文件的基本信息单位。访问流式文件时，要依靠读写指针来指出下一个要访问的字符。

这种文件的管理简单，但要查找信息的基本单位比较困难。正因为如此，这种结构仅适用于那些对文件的基本信息单位查找、修改不多的文件。常用的源程序文件、目标代码文件等可采用这种结构。

（2）记录式文件。记录式文件由若干条记录构成，记录可以按顺序编号，对文件的访问按记录号进行；也可以为每条记录指定一个或一组数据项作为关键字，然后按关键字进行访问。记录是用户程序与文件系统交换信息的基本单位。

在记录式文件中，所有的记录通常都是属于一个实体集的，有着相同或不同数目的数据项。按照记录长度是否相同，把记录分为定长和不定长两类。定长记录文件中所有记录的长度都是相同的。所有记录中各数据项都处在记录中相同的位置，具有相同的顺序及相同的长度，文件的长度用记录的数目表示。定长记录的文件处理方便、开销小，被广泛地运用于数据处理中，是较常用的一种记录格式。不定长记录文件中各记录的长度是不相同的，每条记录中包含的数据项目也可能不同，长度不定。记录式文件的特点是记录组成灵活、存储空间浪费小。

不论哪种记录形式，处理前每条记录的长度都是可知的。根据用户和系统管理的需要，可采用多种形式来组织记录。这些形式主要有：

其一，顺序文件。顺序文件是一系列记录按照某种顺序排列而成的文件，其中的记录通常是定长记录，具有较快的查找速度。

其二，索引文件。它为每一个文件建立一个索引表，并在索引表中为每条记录建立一个表项。索引表通常是按关键字的大小顺序排序的，它本身是一个定长记录文件，可以实现直接存取。它通常用于不定长记录的文件，以加快文件的查找速度。

其三，索引顺序文件。它是上述两种文件方式的组合。它为文件建立一张索引表，在索引表中，为每一组记录中的首记录设置一表项，其中含有记录的键值和指向该记录的指针。索引顺序文件是一种最常见的逻辑文件形式，有效地克服了变长记录的文件不便于直接存取的缺点。

6.2.2　文件的物理结构

1. 顺序结构

顺序结构是最常见的文件结构，按文件的逻辑记录顺序把文件存放在连续的存储块中。文件系统为每个文件都建立一个文件控制块 FCB，记录了文件的有关信息，如图 6-2 所示。

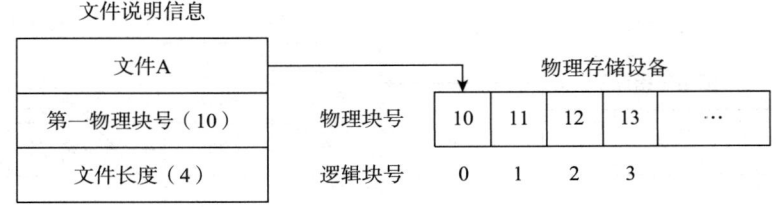

图 6-2　文件的顺序结构

这种存放方式的优点是：实现简单，存取速度快，一旦知道了文件在文件存储设备上的起址和文件长度，就能很快地进行存取，常用于存放系统文件等固定长度的文件，典型应用是批处理系统。其缺点是：文件长度不便于动态增加。因为一个文件末尾处的空块可能已分配给其他文件，一旦记录增加，便会导致大量移动；另外，文件在部分删除后，会留下无法使用的"碎片"，导致存储空间利用不充分。因此顺序结构不宜用来存放用户文件、数据库文件等常被修改的文件。

2. 链式结构

一个逻辑上连续的文件存放在不连续的物理块中，通过链表指针来链接每个物理块。其中，每个物理块设有一个指针，指向其后续连接的另一个物理块，从而使存放同一文件的物理块链接成一个串联链表。这种文件结构称为链式结构，最后一块的指针为 NULL，如图 6 – 3 所示。

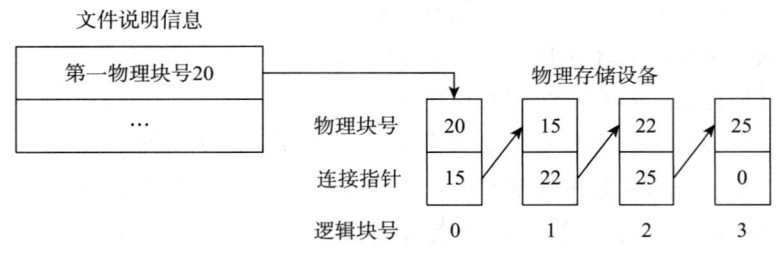

图 6 – 3　文件的链式结构

链接文件的优点是不要求对整个文件分配连续的空间，从而解决了空间碎片问题，提高了存储空间利用率，也克服了顺序文件不易扩充的缺点。链接文件的缺点是存取文件记录时，必须按照从头到尾的顺序依次存取，其存取速度慢；另外链接指针占用一定的存储空间。

3. 索引结构

索引结构将文件存放在外存的若干个物理块中，并为每一个文件建立一张索引表，索引表中的每个表目存放文件信息的逻辑块号和与之对应的物理块号。索引表的物理地址由文件说明信息给出。索引文件结构如图 6 – 4 所示。逻辑块号为记录成组后的物理记录的编号，从"0"开始编号，物理块号为磁盘存储的实际编号。

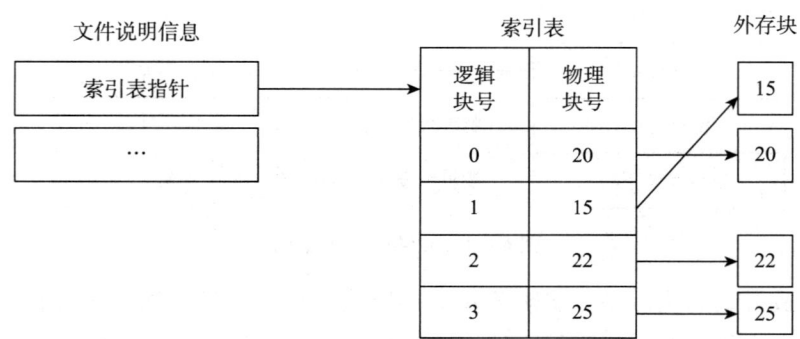

图 6 – 4　文件的索引结构

索引文件结构既可以满足文件动态增长的需要，又可以较为方便地实现随机存取。逻辑块号和物理块号信息全部存放在一张表中，便于增加和删除文件记录。其缺点是，当文件的记录数很多时，索引表就会很庞大，从而降低检索的速度。一个较好的解决方法是采用多级索引，为索引表再建立索引，形成多级索引结构。

4. 散列结构

散列结构给定记录的键值或通过 Hash 函数转换的键值，通过散列函数直接决定记录的物理地址，能直接存取已知地址的盘块。和顺序文件一样，散列文件在每一个记录中需要有一个关键字字段，但是这种映射结构不同于顺序文件或索引文件，没有顺序的特性。散列文件有很高的存取速度，经常用于需要快速存取的场合，但是会引起冲突，即不同关键字的散列函数值相同。

任务 6-3   认识文件的目录管理

任务描述

计算机系统中这么多文件，操作系统如何快速、准确地找到我们所要的文件？

学习目标

- 掌握文件目录的基本概念
- 掌握文件目录的结构

文件管理的主要目标是实现文件的按名存取，为此必须为每个文件建立一个由文件名到物理地址的映射，这种映射信息及其他管理信息组成了该文件的文件说明。系统把若干个文件说明放在一张表格中，该表格就是文件目录。

6.3.1   文件目录的基本概念

文件目录是一组文件控制块（或文件目录项）的有序集合。每个文件控制块用于描述和控制文件的数据结构，它保存系统管理文件所需要的全部属性信息。

1. 文件控制块（File Control Block）

文件控制块（File Control Block）是操作系统为管理文件而设置的一组具有固定格式的数据结构，存放了为管理文件所需的所有属性信息（文件属性或元数据）。在文件控制块中，通常含有三类信息，即基本信息、存取控制信息及使用信息。

基本信息包括：文件名，指用于标识一个文件的符号名，用户利用该名字进行存取；文件物理位置，指文件在外存上的存储位置，包括存放文件的设备名、文件在外存上的起始盘块号、指示文件所占用的盘块数或字节数的文件长度等；文件逻辑结构，指示文件是流式文件还是记录式文件、记录数、文件是定长记录还是变长记录等；文件的物理结构，指示文件是顺序文件、链接式文件或索引文件。

存取控制信息包括：文件主的存取权限、核准用户的存取权限及一般用户的存取权限等。

使用信息包括：文件的建立日期和时间，文件上一次修改的日期和时间及当前使用信息。当前使用信息包括当前已打开该文件的进程数、是否被其他进程锁住、文件在内存中是否已被修改但尚未复制到盘上等。

不同的操作系统，由于功能不同，文件控制块可能只含有上述信息的部分内容。

2. 索引结点

文件目录通常存放在磁盘上，当文件很多时，文件目录可能要占用大量的盘块。在查找目录的过程中，先将存放目录文件的第一个盘块中的目录调入内存，然后把用户所给定的文件名与目录项中的文件名逐一比较。若未找到指定文件，便将下一个盘块中的目录项调入内存。设目录文件所占用的盘块数为 N，按此方法查找，则查找一个目录项平均需要调入盘块（N＋1）/2 次。假如一个 FCB 为 64B，盘块大小为 1KB，则每个盘块中只有存放 16 个 FCB，若一个文件目录共有 640 个 FCB，需占用 40 个盘块，故平均查找一个文件需启动磁盘 20 次。

其实在检索目录文件的过程中，只用到了文件名，仅当找到文件时，才需从该目录项中找到该文件的其他描述的信息，显然这些信息在检索目录时，不需调入内存。因此，可以把文件名与文件描述信息分开，文件描述信息单独形成一个称为索引结点的数据结构，在文件目录中的每个目录项，仅由文件名和指向该文件所对应的结点的指针构成。如图 6 - 5 所示，文件目录包括了文件名和索引结点指针。

文件名	索引点指针
文件名1	索引点指针1
文件名2	索引点指针2
⋮	⋮

图 6 - 5　文件目录

因此，采用索引结点机制，按照上述的盘块大小，文件名占 14B，索引结点指针占 2B，则每个盘块可存放 64 个目录项，那么按文件名检索目录平均只需要读入 640/64 = 10 个磁盘块，故平均查找一个文件需启动磁盘 5 次，显然这将大大提升文件检索速度。

6.3.2　文件目录管理的要求

文件目录也是一种数据结构，用于标识系统中的文件及其物理地址，供检索时使用。对目录管理的要求如下：

（1）实现"按名存取"。即用户只需要提供文件名，就可以对文件进行存取。这是目录管理最基本的功能，也是文件系统向用户提供的最基本的服务。

（2）提高对目录的检索速度。合理地组织目录结构，可以加快对目录的检索速度，从而加快对文件的存取速度。这是在设计一个大、中型文件系统时所追求的主要目标。

（3）文件共享。在多用户系统中，应允许多个用户共享一个文件，这样，只需在外存中保留一份该文件的副本，就可以供不同的用户使用，还可以节省大量的外存空间。

（4）允许文件重名。系统应允许不同用户对不同文件取相同的名字，以便于用户按照自己的习惯命名和使用文件。

6.3.3　目录结构

目录结构的组织不仅关系到文件系统的存取速度，而且关系到文件的共享性和安全性。目前常用的目录结构形式有一级目录、二级目录和多级目录。

1. 一级目录

一级目录也称为单级目录，是一种最简单、最原始的目录结构。它采用的方法是为外存的全部文件建立一张如图 6 - 6 所示的目录表。表中包括全部文件的文件名、索引表的始址以及文件的其他属性，如文件长度、文件类型等。每个文件占据表中的一条记录。该目录表存放在外存的某个固定区域，需要时系统将其全部或部分调入主存。

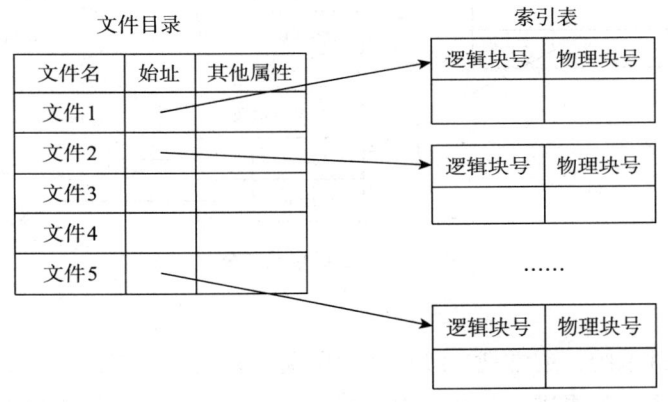

图 6 - 6　一级目录结构

采用一级目录管理文件，具有以下特点：

其一，目录结构易于实现，管理简单，只需要建立一个文件目录，对文件的所有操作都是通过该文件目录实现的。

其二，易发生重名问题。在一级目录中，各文件控制块都处于平等地位，只能按照顺序或连续结构存放，因此，文件名与文件必须一一对应，不同的用户也不能给他们的文件起相同的名称，否则就有可能找不到指定的文件，或覆盖已有的文件。

其三，当文件较多时，查找时间较长。如果系统中的文件很多，文件目录自然就会很大，按文件名去查找一个文件，平均需要搜索半个目录文件，时间效率较低。

其四，不便于实现文件共享，适用于 PC 的单用户系统。通常每个用户都具有自己的名字空间或命名习惯，所以，应当允许不同用户使用不同的文件名来访问同一个文件。单级目录不允许文件重名，因而，它只用于单用户环境。

2. 二级目录

为了克服一级目录所存在的缺点，可以将文件目录设计为主文件目录和用户文件目录的二级目录结构。主文件目录中每个用户目录文件都占一个目录项，包括用户名和指向该用户目录文件的指针；用户文件目录包括该用户每个文件的文件控制块，二级目录结构如图 6-7 所示。

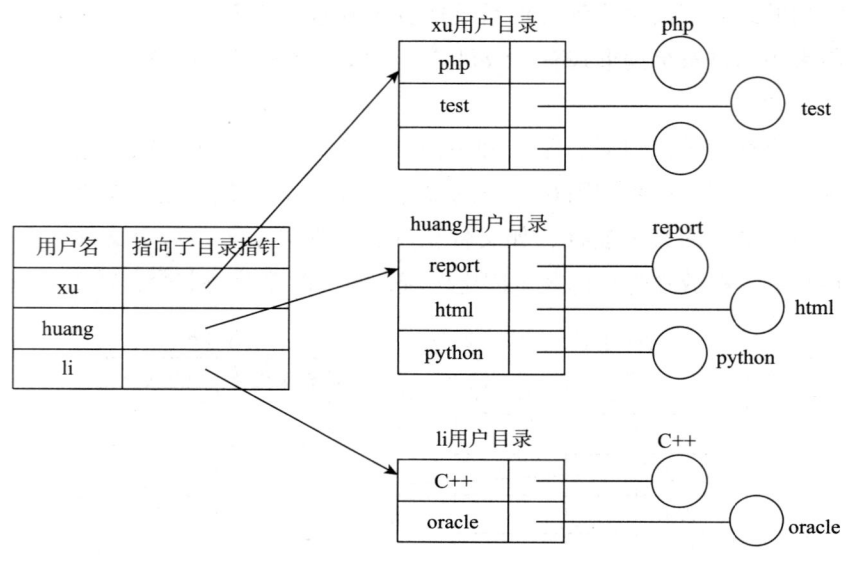

图 6-7 二级目录结构

3. 多级目录

对于大型文件系统，通常把二级目录的层次关系加以推广，从而形成了多级目录。在二级目录结构中，如果进一步允许用户创建自己的子目录并相应地组织自己的文件，即可以形成多级目录结构。通常把三级或三级以上的目录结构称为树型目录结构。在树型目录结构中，除了最低一级外，其他每一级存放的都是下一级目录或文件的说明信息，最高层为根目录，最底层为文件。多级目录结构如图 6-8 所示。

当要访问某个文件时，往往使用该文件的路径名来标识文件。文件的路径名是将从根目录到所要找到的文件所经过的各目录名用分隔符（通常是“\”）连接起来而形成的字符串。从根目录出发的路径称为绝对路径。当目录的层次较多时，从根目录出发查找文件很费时间，为此引入当前目录，即由用户在一定时间内指定某个目录为当前目录，当用户要访问某个文件时，只需要给出从当前目录出发到要查找的文件之间的路径。从当前目录出发的路径称为相对路径，相对路径可以缩短搜索路径，提高搜索速度。

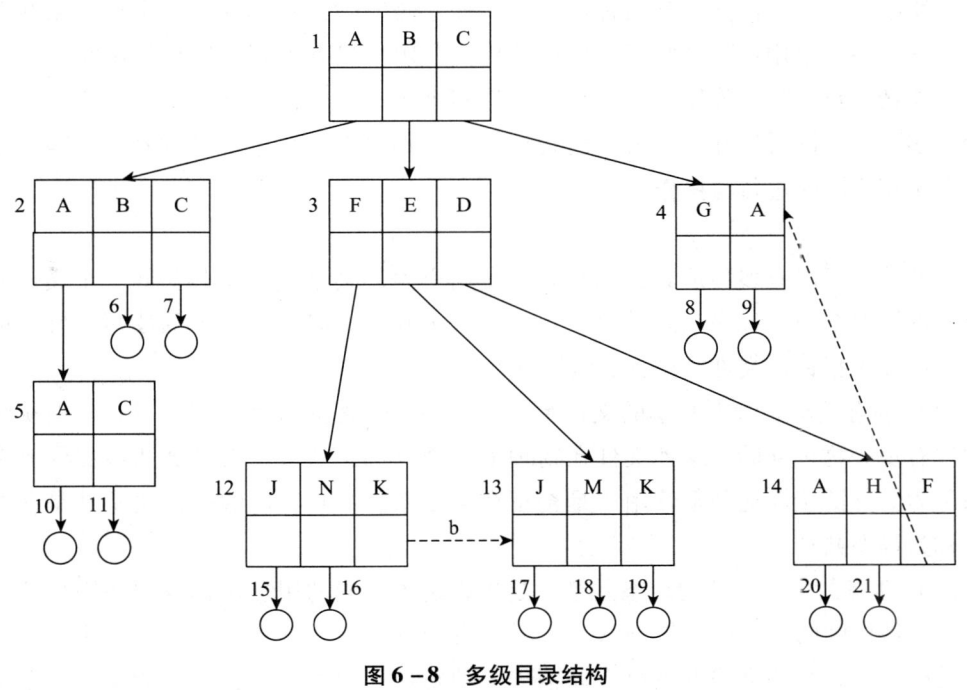

图 6-8　多级目录结构

任务 6-4　文件的共享与安全

任务描述

操作系统如何实现文件的共享与保护？

学习目标

- 掌握文件共享的基本概念
- 认识文件的保护与保密

文件共享是指不同的用户或进程共同使用一个或多个文件，这是实现文件系统管理的一个重要功能，能够大大节省存储空间，减少输入输出操作，方便不同用户的合作。文件共享并不意味着任何用户都能对文件进行随意操作，因为如果这样文件的安全性和保密性将无法保证。因此文件共享要与文件的操作权限配合来实现。

6.4.1　文件共享

1. 文件共享的概念

文件共享是指多个用户或进程共同使用一个或多个文件。文件共享不仅减少了文件复制操作要花费的时间，节省了大量文件的存储空间，而且也是不同用户完成各自的任务所必需的。文件共享分两种情形，一种是任何时刻只允许一个用户使用共享文件，因此，在一个用户打开共享文件后，另一个用户只有等到该用户使用完毕并关闭后，才能把它重新打开使用。另一种是允许多个用户同时使用同一个共享文件，这时只允许多个用户同时打开共享文件进行读操作，不允许多个用户同时有读有写，也不允许多个用户同时进行写操作。

2. 文件共享的实现

文件共享可以有多种形式，如允许多个用户静态共享或动态共享同一个文件。当一个文件被多个用户程序动态共享使用时，每个程序可以各用自己的读写指针，但也可以共用读写指针。文件共享主要包括以下形式：

（1）静态共享。静态共享的文件系统允许一个文件同时属于多个目录，但实际上文件仅有一处物理存储。这种文件在物理上一处存储，从多个目录到达该文件的多对关系称为文件链接。这种不管用户是否正在使用系统，其文件的链接关系都是存在的共享称为静态共享。

（2）动态共享。文件的动态共享，是指系统中不同的用户进程或同一用户的不同进程并发地访问同一文件。这种共享关系只有当用户进程存在时才可能出现，一旦用户的进程消亡，其共享关系也就自动消失。动态共享又称硬链接，只能用于单个文件系统而不能跨文件系统，可用于文件共享而不能用于目录共享，优点是实现简单、访问速度快。

（3）符号链接共享。文件的符号链接共享又称软链接，其包含有一条以绝对路径或者相对路径的形式指向其他文件或者目录的引用。例如：用户 A 为了共享用户 B 的一个文件 F，可以由系统创建一个链接文件，把新文件写入用户 A 的用户目录中，以实现 A 的目录与 B 的文件 F 链接。在新文件中只包含被链接文件 F 的路径名，故称其为符号链接，当 A 要访问被链接的文件 F 时，会读取链接文件，它将依据链接文件中的路径名去读文件 F，于是就实现了用户 A 对用户 B 的文件 F 的共享，当删除链接文件时，系统仅仅删除链接文件，而不删除源文件本身。符号链接的主要优点是能用于连接计算机网络中不同计算机中的文件，此时，仅需提供文件所在计算机地址和该计算机中文件的路径。这种方法的缺点是扫描包含文件的路径开销大，需要额外的空间存储路径。

6.4.2　文件安全

文件安全是指避免合法用户有意或无意的错误操作破坏文件，或非法用户访问文件。文件的安全包括文件保护和文件保密两个方面的内容。

1. 文件保护

文件保护是指避免文件因有意或无意的错误操作而受到破坏。文件保护可以采用的措施有以下两个：

（1）防止系统故障造成的破坏。为了防止系统故障造成的破坏，文件系统可以采用建立副本和定时转储的方法来保护文件。建立副本是指把同一个文件存放到不同的存储介质上，当某一个存储介质上的文件被破坏时，可以用另一个存储介质上的文件副本来替换。定时转储是指定时地把文件转储到其他的存储介质上。当文件发生故障时，就用转储的文件来恢复。

建立副本的方法简单，但是系统开销大，且文件更新时所有副本都必须更新。这种方法适用容量较小且极为重要的文件。定时转储的方法简单，但是较为费时，在转储过程中一般要停止文件系统的使用。这种方法适用于容量较大的文件。

（2）防止用户共享文件造成的破坏。为了防止用户共享文件造成的破坏，文件系统可以采用对每个文件规定使用权限的方法来保护文件。文件的使用权限可以设为只能读、可读可写、只能执行、不能删除等。对多用户共享的文件采用树型目录结构，凡得到某级目录权限的用户就可以得到该目录所属的全部目录和文件。

2. 文件保密

文件保密是指文件本身不得被未授权的用户访问，即防止他人窃取文件。实现文件保密的方法有以下几种：

（1）设置口令。用户为每一个文件设置一个口令存放在文件目录的相应表目中，当用户请求访问某个文件时，首先要提供该文件的口令，经证实后才可以进行相应的访问。采用这种方法实现简单、保护信息少、节省存储空间。但是该方法可靠性差，不能控制存取权限，口令容易泄露或被破解，适用于一般文件的保密。

（2）加密。加密是指用户把文件信息翻译成密码形式保存，使用时再把它解密，还原文件信息。采用这种方法保密性强，节省磁盘空间。但是在加密和解密时，增加了系统开销。

（3）设置权限。设置权限是将每个用户的所有文件集中存放在一个用户权限表中，其中每个表目指明对应文件的存取权限，把所有用户权限表集中存放在一个特定的存储区中，当用户对一个文件提出存取要求时，系统通过查找相应的权限表，判断其存取要求是否合法。采用这种方法保存文件的安全性较高。在实际系统中，往往是把这三种方法结合起来使用，充分发挥各自的优势，实现文件的安全性。

 习题 6

一、选择题

1. 文件系统是指（　　　）。

A. 文件的集合　　　　　　　　　　B. 文件的目录

C. 实现文件管理的一组软件　　　　D. 实现对文件的按名存取

2. 操作系统为每一个文件开辟一个存储区，在它的里面记录着该文件的有关信息，这就是所谓的（　　　）。

A. 进程控制块　　　　　　　　　B. 文件控制块

C. 设备控制块　　　　　　　　　D. 作业控制块

3. 从用户的角度看，引入文件系统的主要目的是（　　　）。

A. 实现虚拟存储　　　　　　　　B. 保存用户和系统文档

C. 保存系统文档　　　　　　　　D. 实现对文件的按名存取

4. 按文件的逻辑结构划分，文件主要有两类（　　　）。

A. 流式文件和记录式文件　　　　B. 索引文件和随机文件

C. 永久文件和临时文件　　　　　D. 只读文件和读写文件

5. 文件系统用（　　　）组织文件。

A. 堆栈　　　　　　　　　　　　B. 指针

C. 目录　　　　　　　　　　　　D. 路径

6. 对一个文件的访问，常由（　　　）共同限制。

A. 用户访问权限和文件属性　　　B. 用户访问权限和用户优先级别

C. 优先级和文件属性　　　　　　D. 文件属性和口令

7. 存放在磁盘上的文件，（　　　）。

A. 既可随机访问，又可顺序访问　B. 只能随机访问

C. 只能顺序访问　　　　　　　　D. 不能随机访问

8. 文件系统采用二级目录结构，这样可以（　　　）。

A. 缩短访问文件的时间　　　　　B. 实现文件的共享

C. 节省主存空间　　　　　　　　D. 解决不同用户之间文件名的冲突问题

二、填空题

1. 一个文件的文件名是在_____时建立的。

2. 文件系统由与文件管理有关的_____、被管理的文件及管理所需要的数据结构三部分组成。

3. 操作系统通过_____感知文件的存在。

4. 根据在辅存上的不同存储方式，文件可以有堆、顺序、_____、索引和散列五种不同的物理结构。

三、简答题

1. 什么是文件的逻辑结构？它有哪几种组织方式？

2. 什么是文件的物理结构？它有哪几种组织方式？

3. 什么叫按名存取？文件系统如何实现文件的按名存取？

4. 文件目录是什么？文件目录中包含哪些信息？二级目录和多级目录的好处是什么？

5. 文件存取控制方式有哪几种？试述它们各自的优缺点。

———— 项 目 7 ————

操作系统的安全与保护

操作系统是应用软件同系统硬件的接口，操作系统安全的目的是保护计算机硬件、软件和数据不因偶然因素或恶意攻击而遭到破坏，使整个系统能够正常可靠地运行。没有安全操作系统的保护，就不可能有网络系统的安全，也不可能有应用软件信息处理的安全。因此，安全操作系统是整个信息系统安全的基础。本项目主要包括掌握操作系统安全概述、认识操作系统的安全机制、认识密码技术、认识保护系统和网络的防火墙四个任务。

任务 7-1 掌握操作系统安全概述

📝 任务描述

操作系统的安全是否直接关系到整个数字信息世界的存在和发展？

📝 学习目标

- 理解系统安全性的概念
- 了解系统安全性的内容和性质
- 掌握计算机系统资源与安全威胁
- 了解操作系统的安全性级别

由于操作系统是一个共享资源的信息系统，支持多用户同时共享一套计算机系统的资源，有资源共享就要有相应的策略进行资源保护；另外，随着计算机网络的发展，信息数据除了存储和处理，还存在大量的传输操作，因而系统就需要有网络安全和数据信息保护的功能，防止入侵和恶意破坏；操作系统还要对计算机病毒、木马等恶意程序进行预防、查找及处理，因此了解操作系统安全的概念、内容及特点具有重要意义。

7.1.1　系统安全性的概念

一般来讲，计算机系统的安全模型涉及管理和实体的安全性、网络通信的安全性、软件系统的安全性和数据库的安全性。在描述系统安全方面的问题时，人们通常使用"安全性"（Security）和"保护"（Protection）这两个术语。前者指物理方面，如计算机环境、设施、设备、载体和人员，需要制定、修订和执行安全制度，防止设备遭到突发性的损害和破坏，确保计算机系统物理资源和存储在系统中的数据的完整性，不被未授权读取或修改；后者指逻辑方面，对于操作系统，特别是针对计算机软件系统的安全和防护，通过控制文件存取来保护计算机中的信息，防止计算机系统遭到攻击和破坏。

操作系统是整个计算机信息平台中和计算机硬件最密切相关的基础软件，是其他软件的基础，如果作为基础的操作系统的安全性得不到保障，那么构筑在这之上的其他所有软件系统都将没有安全性可言。

影响计算机系统安全性的因素很多，具体有以下几点：

（1）资源共享安全。操作系统支持多用户同时共享一套计算机系统的资源，资源共享就会涉及各种安全性问题。

（2）数据传输安全。数据要在网络中传输，就会存在安全问题，因为任何人都可以截获网络中发送的数据包，从而获得这些数据。

（3）数据存储安全。应用系统主要依赖数据库来存储大量信息，数据库是各个部门十分重要的一种资源，一旦发生数据丢失或被破坏，敏感的业务数据或客户资料将被泄露，业务记录将被篡改或毁坏。

7.1.2　系统安全性的内容和性质

1. 系统安全性的内容

从一般的操作系统提供的功能和服务角度出发，系统安全性应用需求的内容可以具体化为以下三个安全核心。

（1）数据的机密性。数据的机密性指通过限制信息访问和保证完备可用的授权限制，保护个人隐私和专有信息，仅允许被授权的用户访问计算机系统中的信息。其对应的威胁是数据暴露，未授权的人也存取到保密数据。计算机系统在建设时应该采用行而有效的安全技术和手段，避免机密数据遭到泄露，保证系统的安全性和机密性。

（2）数据的完整性。数据的完整性是指系统中所保存的信息不会被非授权用户修改，且能保持数据的一致性。其对应的威胁是数据篡改，它使所存数据失去完整性、可靠性，可能会引起系统内部执行混乱，正常的输入及运算无法进行，给整个系统的安全性带来极大的威胁。数据的完整性是计算机系统安全的基本目标，应该采取有效的约束手段和管理方式，以保证计算机系统的完整性。

（3）数据的可用性。数据的可用性是指授权用户的正常请求，能及时、正确、安全地得到服务或响应。其对应的威胁是拒绝服务。例如，发送超过服务器负载的请求可能使服务器瘫痪，因为仅检查和丢弃用户请求就可以浪费所有的计算资源。目前，很多系统模型和技术能够保证计算机系统数据的机密性和完整性，但阻止像拒绝服务这样的攻击却比较困难，尤其是当系统被蓄意破坏或者干扰之后，系统对外提供的服务将无法顺利完成，系统的整体可用性就大大降低。因此要维护系统的可用性，就是要防止数字系统被非法干扰和破坏，这也是系统安全的终极目标。

除了以上三个核心目标，计算机系统还应该能够验证用户的真实性，保证用户的隐私不被滥用，阻止计算机合法用户以外的人通过病毒、木马植入等手段获得计算机的控制权，防止重要信息泄露给用户带来损失。

2. 系统安全性的性质

系统安全与系统中所用的硬、软件设备的安全性能，以及构造系统时所采用的方法有关，这使得系统安全问题范围广，性质复杂，主要表现在如下几点：

（1）多面性。系统安全包括物理安全、逻辑安全及安全管理三方面的内容，在较大规模的系统中，其中任一方面出现问题，系统都可能有安全风险。

（2）动态性。网络信息技术不断发展，攻击者的攻击手段层出不穷，系统的安全问题呈现出动态性，而这种动态性却没有一劳永逸的解决方案。

（3）层次性。通常将系统安全问题划分为若个安全主题，然后再将其中一个安全主题分成若干个子功能，直到它不可再分解。由这多个层次的安全功能来覆盖系统安全的各个方面，以解决系统复杂的安全问题。

（4）适度性。由于系统安全的多面性和动态性，再加上系统资源广和成本高，解决系统安全问题的全面覆盖难于实现，所以，解决系统安全问题一般会根据实际需要，采用适度的安全目标。

7.1.3　计算机系统资源与安全威胁

计算机系统资源通常分为硬件、软件、数据以及通信线路与网络等几个方面。每种资源类型所面临的威胁情况，可通过计算机安全的可用性、机密性、完整性三个核心要素来分类，如表 7 - 1 所示。

表 7 - 1　资源与安全威胁

资源类型	可用性	机密性	完整性
硬件	设备失窃或遭到破坏，拒绝提供服务		

资源类型	可用性	机密性	完整性
软件	程序被删除，拒绝用户访问	非被授权的软件复制	工作程序被更改，导致在执行期间出现故障，或执行一些非预期的任务
数据	文件被删除，无法被用户访问	非授权访问和读取数据，通过数据的读取获取权限以外的信息	现有文件被修改，或伪造新的文件
通信线路和网络	消息被破坏或删除，通信线路故障或网络不可用	读取信息，观察信息的流向规律	消息被更改、延迟、重排、伪造消息

1. 硬件

计算机系统中，硬件是最基本最重要的设备，作为物理单位，最容易受到外部攻击，也最不容易得到自动控制。其面临的威胁主要包括以下两个方面：

（1）电源断电，这可能导致数据丢失，所以通常对关键设备采用不间断 UPS 供电；对于银行、信用卡、证券等重要的信息系统，还采用双电源供电。

（2）个人或组织对设备的有意或无意的破坏，造成设备故障或丢失。PC 和服务器终端的快速增长以及局域网的日益广泛使用增加了这方面的潜在损失，需要物理上的防范保护和行政管理上的安全措施来面对这些威胁。

2. 软件

计算机系统软件包括操作系统、实用程序、应用软件等，攻击者通过对这些软件进行攻击来破坏系统的安全性，计算机软件所面临的威胁主要是攻击者对现有软件进行修改或破坏、删除、复制等。

（1）软件被恶意修改或破坏，从而失效，甚至增加了有害的功能，是对软件的完整性的威胁，计算机病毒和恶意软件就属于这一类。

（2）软件，尤其是应用软件，稳定性不高，容易被移除，从而无法为用户提供服务，这是对可用性的威胁。要加强对用户身份的验证和访问控制等，并对重要的软件及时做好备份工作。

（3）非授权的软件复制涉及保护软件的隐私问题，尽管能够采取一些策略或者通过加强对软件的管理来做一些防范，但这依然是一个非常难以解决的问题。

3. 数据

数据是进行各种统计、计算、科学研究或技术设计等所依据的数值。对数据的威胁，指攻击者利用系统漏洞对存储在文件系统和数据库系统中的文件和数据进行窃取、删除和恶意修改，导致系统不能正常访问。数据安全性涉及的主要威胁有以下三种：

（1）破坏数据的可用性，这主要是指对数据文件，人为有意或无意的窃取、破坏、删除，使系统中保存的重要信息无法再提供给用户使用。可以通过用户身份验证和访问控制来防止破坏数据可用性。

（2）破坏数据的机密性，即窃取机密信息，主要指非授权组织或个人读取数据文件或数据库。目前，大多数系统都采用了用户身份验证、访问控制等多种措施来防止机密信息的外泄，除此之外，还应通过对在网络中存储和传输的重要数据进行加密，使攻击者即使是窃取到了重要数据也无法看到其内容。

（3）破坏数据的完整性。数据完整性就是保证数据的一致性，即数据在生成、传输、存储和使用过程中不被偶然或蓄意地删除、修改、伪造、乱序、重放、插入等破坏的特性。一般通过访问控制机制阻止这种非授权的篡改行为，同时通过消息摘要算法来检测信息是否被篡改。

4. 通信线路和网络

通信系统和网络是用来传送数据的，在借助 WAN 进行远程通信过程中，最容易受到攻击的就是通信线路。对通信系统与网络的威胁分为被动攻击和主动攻击。

被动攻击即窃听，主要是信息的截取，指未授权地窃听传输的信息，企图分析出消息内容或者通信模式，是对系统的保密性进行攻击。被动攻击又分为两类：一类是获取消息的内容，另一类是进行信息流量分析。

（1）获取消息的内容是指在网络通信过程中，正在传输的数据消息中可能含有敏感的或机密的信息，攻击者想要通过特殊手段获得这些信息。

（2）信息流量分析是指系统主动防御的过程中，通过加密等手段，使得攻击者无法从截获的消息中得到其真实内容，但是攻击者可能通过观察交换消息的长度和频率等，获得消息的格式、确定通信双方的位置和身份。

被动攻击不对消息做任何修改，因而是难以检测的，所以抗击这种攻击的重点在于预防而非检测。主动攻击包括对数据流的篡改或产生某些假的数据流。主动攻击又可分为中断、篡改和伪造三类。

（1）中断是对系统的可用性进行攻击。中断即拒绝提供服务，是阻止或禁止对通信设备的正常使用和管理，如破坏计算机硬件、网络或文件管理系统。

（2）篡改是对系统的完整性进行攻击。如修改数据消息中的某些部分、替换某一程序使其执行不同的功能或者延迟或重排正在传递的消息等。

（3）伪造是对系统的真实性进行攻击。伪造通常需要借助其他形式，例如重放来进行主动攻击。重放就是包括截取捕获正在传输的消息并以其他消息代替重传，执行一次未被授权的行为。

绝对防止主动攻击是十分困难的，因为需要随时随地对通信设备和通信线路进行物理保护，因此抗击主动攻击的主要途径是检测，以及对此攻击造成的破坏进行恢复。目前广泛使用防火墙作为防范网络主动攻击方式的手段，它能使网络内部与 Internet 之间或与其他外网之间互相隔离，限制网络互访，保护网络内部资源，防止外部入侵。

7.1.4　操作系统的安全性级别

美国国防部 1985 年制定的"可信任计系统评价标准"（TCSEC），最初只是作为军用标准使用，后来延至民用领域。TCSEC 将计算机系统的安全程度从低到高分为 4 等 7 级，分别为 D（D_1）、C（C_1、C_2）、B（B_1、B_2、B_3）、A（A_1）。从最低级 D_1 开始，随着级别的提高，系统的可信度也随之增加，风险也逐渐减少。

（1）D 等——最低保护等级。D 等只有一个级别 D_1 级，又称为安全保护欠缺级，常见的无密码保护的个人计算机系统便属于 D_1 级。列入该级别说明整个系统都是不可信任的，它不对用户进行身份验证，任何人都可以不受任何限制地使用计算机系统中的任何资源，其硬件系统和操作系统极易被攻破。D_1 级的操作系统有 DOS、Windows3. x、Windows95/98 等。

（2）C 等——自由保护等级。C_1 级称为自由安全保护级，通过将用户和数据分开来达到安全的目的。它支持用户标识与验证、自主型的访问控制和系统安全测试；要求硬件本身具备一定的安全保护能力，并且要求用户在使用系统前一定要先通过身份验证。具有密码保护的多用户工作站就属于此级。自由安全保护控制允许网络管理员为不同的应用程序或数据设置不同的访问许可权限。C_1 级保护的不足之处是用户能将系统的数据随意移动，也可更改系统配置，从而拥有与系统管理员相同的权限。

C_2 级称为受控存取控制级，比 C_1 级加强了可调的审慎控制。它进一步完善了自由型存取控制和审计的功能。C_2 级针对 C_1 级的不足之处做了相应的补充与修改，增加了用户权限级别。用户权限的授权以个人为单位，授权分级的方式使系统管理员可以按照用户的职能对用户进行分组，统一为用户组指派其访问某些程序或目录的权限；它跟踪所有与安全性有关的事件和网络管理员的工作，以此提高系统安全性能。

目前广泛使用的常见的 UNIX 操作系统、Novel3. x 或更高版本的 Novell 及 Oracle 数据库系统等，都能达到 C_2 级。

（3）B 等——强制保护等级。B 等分为三个级别 B_1、B_2、B_3。B 类系统具有强制性保护功能。强制性保护意味着如果用户没有与安全等级相连，系统就不会让用户存取对象。

强制性保护检查对象的所有访问并执行安全策略，因此，要求客体必须保留敏感标记，以供计算机利用这个标记去施加强制访问控制保护。从 B_1 级开始，要求具有强制存取控制和形式化模型技术的应用。

B_1 级为标记安全保护级。它的控制特点包括非形式化安全策略模型，指定型的存取控制和数据标记，以及能解决测试中发现的问题。它给所有对象附加分类标记，主体所访问的对象分类级必须小于用户的准许级别。这一级说明一个处于强制性访问控制下的对象，不允许文系统件的拥有者改变其许可权限。B_1 级支持多级安全，多级安全是指将安全保护措施安装在不同级别中，这样对机密数据提供更高级的保护。

B_2 级为结构化保护级。B_2 级必须满足 B_1 的所有要求。它的控制特点包括形式化安全策略模型，并兼有自由型与指定型的存取控制，同时加强了验证机制，使系统能够抵抗攻击。B_2 级要求为计算机系统中的全部组件设置标签，并且给设备分配安全级别。这也是安全级别存在差异的对象间进行通信的第一个级别。

B_3 级为安全域级。B_3 级必须符合 B_2 级的所有安全需求。B_3 级必须设有安全管理员。它满足访问监控要求，能够进行充分的分析和测试，并且实现了扩展审计机制。B_3 级要求用户工作站或终端设备必须通过可信任的途径连接到网络或其他安全域对象的修改。

（4）A 等——验证保护等级。A 等使用形式化安全验证方法，保证使用强制访问控制和自由访问控制的系统，能有效地保护该系统存储和处理秘密信息及其他敏感信息。A 等只包含一个 A_1 级。A_1 类与 B_3 类相似，对系统的结构和策略不作特别要求。它的设计必须是从数学上经过验证的，而且必须进行对秘密通道和可信任分布的分析。A_1 级必须满足下列要求：系统管理员必须从开发者那里接收到一个安全策略的正式模型；所有的安装操作都必须由系统管理员进行；系统管理员进行的每一步安装操作都必须有正式文档。

为了能有效地以工业化方式构造可信任的安全产品，欧洲四国（英、法、德、荷）提出了评价满足保密性、完整性、可用性要求的信息技术安全评价准则（ITSEC）后，美国又联合以上诸国和加拿大，并会同国际标准化组织（OSI）共同提出"信息技术安全评价公共准则"（CC）作为国际标准。CC 为相互独立的机构对相应信息技术安全产品进行评价提供了可比性。

任务 7-2　认识操作系统的安全机制

任务描述

安全的操作系统是整个信息系统安全的基础，其提供哪些安全机制和服务？

学习目标

- 理解标识与鉴别
- 理解可信通道
- 掌握访问控制的概念和分类
- 掌握最小特权原则
- 了解安全审计

操作系统的安全关系着整个计算机系统的安全问题，其安全性是要保证系统能够按照指定的安全策略对用户的操作进行控制，防止用户对计算机资源的非法使用，保证系统中数据的机密性、完整性和可用性等。要实现这些目标，就需要建立相应的安全机制。操作系统的安全机制是指在操作系统中利用某种技术、某些软件来实施一个或多个安全服务的过程，主要包括标识与鉴别、可信通路、访问控制、最小特权管理和安全审计等内容。具备这些安全机制的操作系统称为安全操作系统（Trusted Operating Systems），又称可信操作系统。

7.2.1　标识与鉴别

在操作系统中，标识与鉴别机制是系统安全的第一道屏障，其功能是阻止非法用户访问系统。标识应当具有唯一性，不能被伪造，可以是系统为用户分配的用户名、登录 ID、身份证号或智能卡等。鉴别则是系统要验证用户的身份，对用户所声明的身份标识的有效性进行校验和测试的过程。一般使用口令来实现，而口令鉴别技术是最简单、最普遍的身份识别技术。

口令具有共享秘密的属性，是相互约定的代码，只有用户和系统知道。例如，用户将用户名和口令传送至服务器，服务器操作系统鉴别该用户。口令有时由用户选择，有时由系统分配。利用口令进行身份鉴别的过程如下：用户将口令传送给计算机，计算机完成口令单向函数值的计算，计算机把单向函数值和机器存储的值进行比较。

UNIX/Linux 等多用户操作系统都建立了基本的标识和鉴别机制。一般系统中有三类用户：超级用户、普通用户和系统用户。超级用户通常取名为 root，它可以控制一切，包括用户文件和目录、网络资源等。普通用户是指能够登录系统的用户，它能够在自己的主目录下创建和操作文件，对计算机上的文件和目录有受限的权限，不能执行系统级的功能。系统用户从不登录，这些账号用于特定的系统目的，不属于任何特定的使用者。

7.2.2　可信通路

可信通路（Trusted Path，TP），也称为可信路径，是指用户能绕过应用层，在用户与系统内核之间开辟的一条直接的、可信任的交互通道。在计算机系统中，为保护系统内核不被用户无意或恶意修改，用户与系统内核的相互作用是通过应用程序来完成的，如用户登录时进行的身份标识和鉴别等。然而，这些应用程序却存在被非法用户程序模仿和代替的隐患。比如，一个特洛伊木马程序可以伪造一个登录程序，在终端上模仿系统给出提示信息，诱使用户输注册名和口令，并在适当时机启动真正的系统登录程序，以窃取用户的机密信息。此时，仅靠简单地关闭和重新打开终端并不能确定是否消除了这个特洛伊木马程序，而是必须为用户提供一条"可信"的路径，让用户能够直接登录到系统内核。

构建可信通路的简单方法是为每个用户提供两台终端，一台用于完成日常的普通工作，另一台用于实现与安全内核的硬连接及专职执行安全敏感操作。该方法的致命缺陷是代价昂贵，同时还会产生诸如如何确保"安全终端"的安全可靠及如何实现"安全终端"和"普通终端"的协调工作等新问题。更为现实的方法是要求用户在执行敏感操作前，使用一般的通用终端和向安全内核发送所谓的"安全注意符"（即不可信软件无法拦截、覆盖或伪造的特定符号）来触发和构建用户与安全内核间的可信通路。

7.2.3 访问控制

访问控制是操作系统安全机制的主要内容，是在身份识别的基础上，根据身份对提出的资源访问请求加以控制，即根据安全策略的要求对每个资源访问请求做出是否许可的判断，有效地防止非法用户访问系统资源或合法用户非法使用资源。

访问控制策略规定谁在什么情况拥有什么访问权限（读写执行删除追加等），主要有两类：自主访问控制（Discretionary Access Control，DAC）和强制访问控制（Mandatory Access Control，MAC）。

1. 自主访问控制（DAC）

DAC 是基于访问请求者的身份和访问规则（身份验证）的控制机制，是最常用的一类访问控制机制，其中访问规则将明确谁能访问而谁不能。DAC 是用来决定一个用户是否有权访问一些特定客体的一种访问约束机制，可以非常灵活地对策略进行调整，因此又称为任意访问控制，包括身份型访问控制和用户指定型访问控制。

"自主"主要体现在客体（访问的对象）的所有者有权指定其他主体对该客体的访问权限，在自主访问控制中，用户可以针对被保护对象制定自己的保护策略。具体的访问控制规则如下：

（1）每个主体拥有一个用户名并属于一个组或具有一个角色。

（2）每个客体都拥有一个限定主体对其访问权限的访问控制列表（ACL）。

（3）每次访问发生时都会基于访问控制列表检查用户标志以实现对其访问权限的控制。

由于 DAC 具有易用性与可扩展性，自主访问控制机制经常被用于商业系统。大多数系统仅基于自主访问控制机制来实现访问控制，如主流操作系统（Windows NT Server，UNIX 系统），防火墙（ACLs）等。

2. 强制访问控制（MAC）

MAC 是基于比较密级（密级表明这个系统资源的重要或机密程度）与许可证级（许可证级表明系统实体能够访问哪些特定资源）的访问控制。"强制"是指实体无权按照自己的意志赋予其他实体访问某些资源的权限，MAC 是一种不允许主体干涉的访问控制类型，它是基于安全标识和信息分级等敏感性信息的访问控制。在强制访问控制系统中，所有主体（用户、进程）和客体（文件、数据）都被分配了安全标签，安全标签标识一个安全等级。具体的访问控制规则如下：

（1）主体（用户、进程）被分配一个安全等级。

（2）客体（文件、数据）被分配一个安全等级。

（3）访问控制执行时对主体和客体的安全级别进行比较。

这样的访问控制规则通常对数据和用户按照安全等级划分标签，访问控制机制通过比较安全标签来确定授予还是拒绝用户对资源的访问。MAC 进行了很强的等级划分，所以主要用来描述军用计算机系统环境下的多级安全策略。

多级安全策略由安全管理员进行统一配置，而不允许其他用户进行管理。其中，安全属性用二元组表示，记作密级、类别集合。其中，密级表示机密程度，类别集合表示部门或组织的集合。对客体的访问权限一般有以下几种模式：只读（Read – Only）、添加（Append）、执行（Execute）、读写（Read – Write）。例如，WEB 服务以"秘密"的安全级别运行。假如 WEB 服务器被攻击，攻击者在目标系统中以"秘密"的安全级别进行操作，他将不能访问系统中安全级为"机密"及"高密"的数据。

MAC 和 DAC 是两种不同类型的存取控制机制，DAC 较弱，而 MAC 又太强，会给用户带来许多不便。因此，实际应用中，往往将 DAC 和 MAC 结合在一起使用。DAC 作为基础的、常用的控制手段；MAC 作为增强的、更加严格的控制手段。MAC 常用于对系统中的信息分密级和类别集合进行管理，适用于政府部门、军事和金融等领域。例如，系统可能首先执行强制访问控制来检查用户是否有权限访问一个文件组，这种保护是强制的，也就是说，这些策略不能被用户更改；然后再针对该组中的各个文件制定相关的访问控制列表（自主访问控制策略）。

7.2.4　最小特权原则

为使系统能够正常运行，系统中的某些进程（如系统管理员进程或操作员进程）具有可以违反系统安全策略的操作能力。这种违反系统安全策略的操作能力称为特权。现在，在多用户操作系统中，超级用户一般具有所有特权，如 Linux 中的 root；而普通用户不具有任何特权。也就是说，一个进程要么具有所有的特权，要么不具有任何特权。这种特权管理方式有利于系统的维护和配置，但有可能威胁系统的安全性。主要表现在两个方面：一是一旦超级用户的口令丢失或超级用户被冒充，将会对系统造成极大的损失；二是超级用户的误操作也使系统存在着极大的安全隐患。因此，安全操作系统采用最小特权管理原则。

最小特权原则是系统安全中最基本的原则之一。最小特权（Least Privilege），指的是在完成某种操作时所赋予系统中每个主体（用户或进程）必不可少的特权。

最小特权原则应限定系统中每个主体所必需的最小特权，确保可能的事故、错误、网络部件的篡改等原因造成的损失最小。最小特权管理的思想是系统不应该给用户/管理员超过执行任务所需特权以外的特权，通常，将超级用户的特权划分为一组细粒度的特权，分别授予不同的系统操作员和管理员，使各种操作员或管理员只具有完成其任务所必需的特权，从而减少由于特权用户口令丢失或误操作引起的损失。同时，为方便对管理权限的管理，还可在系统中定义多个管理员角色。系统中定义的管理员并不直接享有管理权限，而是与具体的管理角色相联系。管理角色与具体的管理权限相联系，而管理员拥有与其承担的管理角色的所有管理权限。

最小特权在安全操作系统中占据了非常重要的地位。最小特权原则有效地限制、分割了用户对数据资料进行访问时的权限，减少了非法用户或非法操作可能给系统及数据带来的损失，对于系统安全具有至关重要的作用。

当然，最小特权原则只是系统安全的原则之一，如果要使系统达到相当高的安全性，还需要其他原则的配合使用。

7.2.5　安全审计

操作系统的安全审计是指对系统中有关安全的活动进行记录、检查和审核。审计作为一种事后追查的手段来保证系统的安全，它保证了操作系统对各种与安全相关事件的跟踪、分析及反应能力，一般通过对日志的分析来完成。日志是对涉及系统安全的操作做出一个完整的记录，以备有违反系统安全规则的事件发生后，能有效地追查事件发生的地点和过程，例如：发现试图攻击系统安全的重复举动（如多次猜测口令登录），跟踪越权访问的用户（记录用 su 命令作为 root 执行命令的用户），跟踪异常的使用模式（如正常工作时间是从上午 9 点至下午 5 点，而日志记录到用户经常在凌晨登录）。

但是，系统日志并不等同于审计系统，它只是审计数据的重要数据来源之一。在网络操作系统中，审计数据也可能来自网络，如 IP 分组。审计数据不仅来源多种多样，它们的存储位置和数据格式也可能各不相同。

审计是对访问控制的必要补充，它的主要目的就是检测和阻止非法用户对计算机系统的入侵，并显示合法用户的误操作。在安全操作系统中，安全审计的作用主要体现在根据审计信息追查执行事件的当事人，明确事故责任；通过对审计信息的分析，可以发现系统设计或配置管理存在的不足，有利于改进系统安全性，把审计功能与报警功能结合起来，可以实现安全管理员对系统状态的实时监控。

任务 7-3　认识密码技术

📖 任务描述

网络消息的发送者和接收者通常是根据网络地址来推断的。在信任请求中无法指定来源时，操作系统该如何决定是否服务该请求呢？当操作系统无法确定谁会收到它通过网络发送的文件内容时，它该如何为该文件提供保护呢？

1

学习目标

- 了解密码技术的发展史和保密系统通信模型
- 掌握密码体制的分类和特点
- 理解数字签名和数字证书

防御计算机攻击有许多措施，被系统设计人员和用户适用最为广泛的是密码术。密码术（Cryptography）是用来限制一条消息的潜在发送者和接收者的现代密码术，是基于那些被称为密钥（Key）的密文。攻击者即使截获到数据，也无法了解数据的内容；而只有被授权者才能接收和对该数据进行解密，以了解其内容，从而有效地保护了系统信息资源的安全性。

7.3.1 密码学概述

1. 密码学的发展

密码技术源远流长，其起源可以追溯到几千年前的埃及、巴比伦、古罗马和古希腊，人类有了保密通信的需求和思想，随后逐步有了密码技术的研究和应用。根据不同时期密码技术采用的加密和解密实现手段的不同特点，密码技术的发展史大致可以划分为三个阶段。

第一阶段是 1949 年之前，包括古典密码时期和近代密码时期，此时密码学还不是科学。古典密码时期从古代到 19 世纪末，长达数千年，加密方法主要是各种隐写术、文字替换或移位等"手工作业"方式，一般称为"古典密码体制"。近代密码时期从 20 世纪初到 1949 年以前，各种各样采用机电技术的转轮密码机（简称转轮机，Rotor）取代手工编码加密方法，实现保密通信的自动编解码，主要应用于军事领域。虽然密码加密的速度提高了，但密钥量有限，第二次世界大战期间，阿兰·图灵（Alan Mathison Turing）及其解码团队破解德国密码系统 Enigma（恩格玛），使得二战提前结束。这个阶段的密码技术的主要特点是数据的安全基于算法的保密。

第二阶段为 1949~1975 年，在此阶段密码学成为科学。1949 年 C. E. Shannon 发表的论文"Communication Theory of Secrecy System"（保密系统的信息理论）将信息论引入密码技术的研究，为现代密码学研究与发展奠定了坚实的理论基础。计算机使得基于复杂计算的密码成为可能，其主要特点是数据的安全基于密钥的保密而不是算法的保密。

第三阶段是 1976 年以后，在此阶段出现了密码学的新方向公钥密码学。传统密码学快速发展的同时，Diffie 和 Hellman 在 1976 年发表了"New Directions in Cryptography"（密码学的新方向）一文，第一次提出了称为"公开密钥密码体制"的思想、框架和体系，开创了密码学研究的新方向，向世人介绍了公钥加密和数字签名的新构想。1977 年，Rivest、Shamir 和 Adleman 提出了 RSA 公钥算法，20 世纪 90 年代逐步出现椭圆曲线等其他公钥算法。用这些公钥算法在进行保密通信时不需要密钥传送。除用于保密外，还可以用于认证。这个阶段密码学的主要特点是公钥密码使得发送端和接收端无密钥传输的保密通信成为可能。

2. 保密系统通信模型

密码学的相关术语包括：

（1）明文（Plain text）：也叫明码，即原始信息（Message），常用 M 或 P 表示。

（2）密文（Cipher text）：被加密后的信息，用户不能直接阅读，常用 C 表示。

（3）算法（Algorithm）：经过一系列步骤组成的，用于进行加密和解密变换的规则（数学函数），包括加密算法 E 和解密算法 D。

（4）密钥（Key）：加密和解密时所使用的一种专门信息工具。通常情况，密钥只能被通讯双方拥有。如果密钥泄露，则应认为加密失效，密文失去其保密性。

（5）加密（Encryption）：在算法和密钥的控制下，将明文转化成不可直接看懂的密文的过程。

（6）解密（Decryption）：在算法和密钥的控制下，将密文还原成明文的过程。

（7）密码系统：加密和解密的信息处理系统，一个简单的密码系统通信模型如图 7－1 所示。

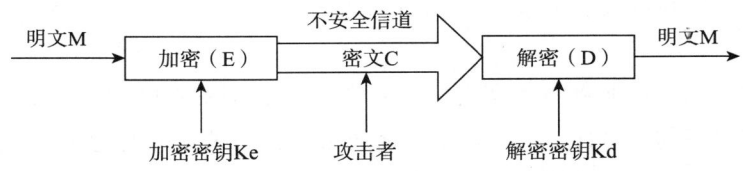

图 7－1　密码系统的通信模型

7.3.2　密码体制的分类和特点

密码体制从原理上可分为两大类，即单钥体制和双钥体制。

（1）单钥体制也称对称加密，其加密密钥和解密密钥相同。单钥体制的系统的保密性主要取决于密钥的安全性，与算法的保密性无关。单钥加解密算法可通过低费用的芯片来实现。密钥可由发送方产生然后再经一个安全可靠的途径（如信使递送）送至接收方，或由第三方产生后安全可靠地分配给通信双方。

单钥体制对明文信息的处理方式有两种：分组密码和序列密码。分组密码（Block cipher）是将消息进行分组，一次处理一个数据块（分组）元素的输入，对每个输入块产生一个输出块。序列密码（Stream cipher）也称为流密码，是连续地处理输入元素，并随着处理过程的进行，一次产生一个元素的输出。

对称密码体制的主要优势是加密、解密运算的处理速度快，效率高，算法安全性高。但其存在的局限性或不足是密钥分发过程复杂，所花代价高；密钥管理量的困难；

保密通信系统的开放性差；不能实现数字签名。

（2）双钥体制也称公钥体制或非对称加密。采用非对称密钥密码体制的每个用户都有一对选定的密钥，其中一个是可以公开的，称为公开密钥（Public Key），简称公钥；另一个由用户自己秘密保存，称为私有密钥（Private Key），简称私钥。这两个密钥是与数学相关的，通常成对生成，但两者不能互相推导，其安全性非常高。

双钥体制的主要优势是密钥分配简单；系统密钥量少，便于管理；系统开放性好；可以实现数字签名。其存在的局限性是加密、解密运算效率较低，处理速度较慢。

7.3.3 数字签名

电子商务时代，人们通过网络支付费用、买卖股票，通过数字通信进行迅速的、远距离的贸易合同的签名等，以便以后查验其真实性，数字签名（Digital Signature）应需而生，它是对电子形式的消息进行签名的一种方法，也是信息安全中的一项安全机制。

1. 数字签名概述

数字签名类似写在纸上的普通的物理签名，又称公钥数字签名、电子签章，是一个把数字形式的消息和某个源发实体相联系的数据串，附加在一个消息或完全加密的消息上，以便于消息的接收方能够鉴别消息的内容，并证明消息只能源发于所声称的发送方。

数字签名使用公钥加密技术实现，其安全性取决于密码体制的安全程度，可以获得比传统签名更高的安全性。一套数字签名通常定义两种互补的运算，一个用于签名，另一个用于验证。数字签名能解决手写签名中的签字人否认签字或其他人伪造签字等问题，因此，被广泛用于银行的信用卡系统、电子商务系统、电子邮件、办公自动化以及其他需要验证、核对信息真伪的系统中。

目前，在德国、日本、加拿大以及美国等许多国家都颁布和实施了各自的有关数字签名的法律，使得在这些国家数字签名与传统签名一样具有法律效力。我国的《电子签名法》于 2004 年 8 月在十届全国人大常委会第十一次会议上获得通过，它规定了数字签名的程序和合法性，从定义、适用范围、认证规范、法律责任等诸多方面制定了法律规范。由此可见，电子签名法将为数字签名的安全性提供足够的法律和技术保障。

一个数字签名算法至少应满足以下三个条件：

（1）签名者（发送方）事后不能否认或抵赖自己的签名。

（2）接收方能够验证签名者（发送方）对信息的签名，其他任何人都不能伪造签名，也不能对接收或发送的信息进行篡改、伪造和冒充。

（3）若当事双方对签名真伪发生争议时，能够在公正的仲裁者面前通过验证签名来准确判断签名的生成者和真伪。

2. 数字签名的过程

HASH（哈希或散列）函数是一种将任意长度的消息压缩到某一固定长度的消息摘要的函数，是一种单向函数。消息的发送方用一个 HASH 函数从消息文本中生成消息摘要（散列值）。发送方用自己的私有密钥加密该散列值，加密后的散列值将作为信息的附件和信息一起发送给接收方。信息的接收方首先用与发送方一样的 HASH 函数从接收到的原始信息中计算出信息摘要，接着再用发送方的公开密钥来对信息附加的数字签名进行解密。如果两个散列值相同，那么接收方就能确认该数字签名是发送方的。

3. 数字签名提供的安全机制

通过数字签名能够实现对原始信息的鉴别，保证信息传输的完整性、发送者的身份认证，防止交易中的抵赖发生，主要体现在如下三个方面。

（1）完整性：这点由单向函数的不可逆的特性保证。如果消息在传输过程中遭到篡改或破坏，接收方根据接收到的密文还原出来的消息摘要会不同于用公钥解密得出的摘要，这样很好地保证数据传输的安全性。

（2）真实性：由于公钥与私钥是一一对应的，因此如果接收方用发送方的公钥解密出来的摘要，其值与重新计算出的摘要一致，则该消息一定是由发送方发出。

（3）不可否认性：同样也是根据公钥与私钥一一对应的关系，由于只有发送方持有自己的私钥，其他人不能假冒，故发送方无法否认他发送过该消息。

7.3.4　数字证书

为保证网上数字信息的传输安全，除了在通信传输中采用更强的加密算法等措施之外，必须建立一种信任及信任验证机制，即参加电子商务的各方必须有一个可以被验证的标识，这就是数字证书。

1. 数字证书和证书机构

数字证书也称公钥证书，是各实体（持卡人/个人、商户/企业、网关/银行等）在网上信息交流及商务交易活动中的身份证明，具有唯一性。数字证书将实体的公开密钥同实体本身联系在一起，其来源必须是可靠的，这就意味着应有一个网上各方都信任的机构，专门负责数字证书的发放和管理，确保网上信息的安全，这个机构就是认证中心（Certificate Authority，CA）。各级 CA 认证机构组成了整个电子商务的信任链。

电子交易的各方都必须拥有合法的身份，即由 CA 签发的数字证书，在交易的各个环节，交易的各方都需检验对方数字证书的有效性，从而解决了用户信任问题。CA 涉及电子交易中各交易方的身份信息、严格的加密技术和认证程序。如果 CA 机构不安全或发放的数字证书不具有权威性、公正性和可信赖性，电子商务就根本无从谈起。基于其牢固的安全机制，CA 应用可扩大到一切有安全要求的网上数据传输服务。

2. 证书的内容和格式

一个证书通常包含版本、序列号、签名算法、签名哈希算法、颁发者、使用者、有效期、公钥算法、证书路径等相关信息，证书本身的格式由生成证书的算法决定，目前数字证书的格式标准为 X. 509 国际标准，X. 509v3 证书的基本内容如表 7 – 2 所示。

表 7 – 2　X. 509v3 证书的内容

版本号
证书序列号
签名算法标识符
颁发者名称
有效期
主体名称
主体公钥信息
颁发者唯一标识符
主体唯一标识符
扩充域
签名

（1）版本号：标识证书的版本，用于区分各连续版本的证书。

（2）证书序列号：与证书一一对应的整数值，由证书颁发机构产生的唯一标志符。

（3）签名算法标识符：签发证书所使用的算法及相关参数。

（4）颁发者名称：用于标识生成和签发该证书的证书颁发机构的名称。

（5）有效期：包括证书有效期的起始时间和终止时间两个数据。

（6）主体名称：持有该证书的用户名称，即这一证书用来证明持有密钥用户的相应公开密钥。

（7）主体公钥信息：包括主体的公钥、算法标识符以及算法所使用的任何相关参数。

（8）颁发者唯一标识符：该项是可选项，当发放者（CA）的名称被重新用于其他实体时，则用这一识别符来唯一标识发放者，即证书颁发机构的名字没有二义性。

（9）主体唯一标识符：该项是可选项，用于在不同时间内不同实体重用相同的证书拥有者名称的情况下。当主体的名称被重新用于其他实体时，则用这一识别符来唯一地标识主体，使得证书拥有者的名字没有二义性。

（10）扩充域：一组扩展字段，包括一个或多个扩充的数据项。

（11）签名：用 CA 的私钥对证书中其他所有字段的哈希值签名的结果。

任务7-4 认识保护系统和网络的防火墙

任务描述

怎样将可靠的计算机安全地连接到一个不可靠的网络呢？

学习目标

- 认识防火墙
- 掌握防火墙技术的分类方式
- 认识包过滤防火墙和应用代理防火墙

随着安全问题上的失误和缺陷越来越普遍，对网络的入侵不仅来自高超的攻击手段，也有可能来自配置上的低级错误或不合适的口令选择。防火墙的作用就是防止不希望的、未授权的信息进出被保护的网络。作为第一道安全防线，防火墙已经成为世界上用得最多的网络安全产品之一，它能极大提高一个内部网络的安全性，并通过过滤不安全的服务而降低风险，并且实现内部网重点网段的隔离，从而限制局部重点或敏感网络安全问题对全局网络造成的影响。

7.4.1 防火墙概述

防火墙（Firewall）一词源于早期欧式建筑中，是为了防止火灾蔓延而在建筑物之间修建的矮墙。在网络中，防火墙是一台夹在可靠系统和不可靠系统之间的计算机、装置或路由器。网络防火墙限制这两个安全域（Security Domain）之间的网络访问，监控和记录所有的连接，还会根据源地址或目的地址、源端口或目的端口以及连接的方向来限制连接。例如，网页服务器通过 HTTP（超文本传输协议）和网页浏览器连接。

在逻辑上，防火墙既是一个分离器，一个限制器，也是一个分析器，它有效地控制了内部网和 Internet 之间的任何活动，保证了内部网络的安全。从实际上来看，防火墙是一个独立的进程或一组紧密联系的进程，运用于路由器或服务器上，控制经过它们的网络应用服务及传输的数据。因此，防火墙可以这样控制：只允许所有防火墙外部的主机到防火墙内部的网页服务器的 HTTP 连接。

7.4.2 防火墙技术分类

因特网采用 TCP/IP 协议，在不同的网络层次上设置不同的屏障，构成不同类型的防火墙。根据防火墙的功能技术分类，有包过滤技术防火墙和应用代理防火墙。

1. 包过滤技术防火墙

（1）包过滤技术。包过滤技术是在网络层中对数据包实施有选择的通过，依据系统事先设定好的过滤规则，检查数据流中的每个包，只准许符合指定规则的数据包通行，拒绝发送可疑的包。

使用包过滤技术的防火墙叫包过滤防火墙（Packet Filter），因为它工作在网络层，又称网络层防火墙（Network Level Firewall），它对进出内部网络的所有信息进行分析，根据数据包头源地址、目的地址、端口号和协议类型等标志确定是否允许通过。只有满足过滤条件的数据包才被转发到相应的目的地，其余数据包则从数据流中丢弃。

包过滤防火墙一般由屏蔽路由器（Screening Router，也称为过滤路由器）来实现，是在普通路由器基础上加入 IP 过滤功能来实现的，这是防火墙最基本的构件。包过滤防火墙读取包头信息，与信息过滤规则比较，顺序检查规则表中的每一条规则，直至发现包中的信息与某条规则相符。如果有一条规则不允许发送某个包，路由器就将它丢弃；如果有条规则允许发送某个包，路由器就将它发送；如果没有任何一条规则能符合，路由器就会使用默认规则，一般情况下，默认规则就是禁止该包通过。

（2）包过滤防火墙的优点。

利用包过滤技术来建立防火墙，是用得最广泛的一种网络安全措施。其主要优点为：

①简单易行。与其他网络安全方法相比，这种防火墙的建立非常简单，一个恰当配置的屏蔽路由器连接内部网络与外部网络，进行数据包过滤，就可以取得较好的网络安全效果。

②包过滤对用户透明。包过滤不要求任何客户机配置，当屏蔽路由器决定让数据包通过时，它与普通路由器没什么区别，用户感觉不到它的存在。较强的透明度是包过滤的一大优势。

③屏蔽路由器速度快、效率高。屏蔽路由器只检查包头信息，一般不查看数据部分，而且某些核心部分是由专用硬件实现的，故其转发速度快、效率较高。

（3）包过滤防火墙的缺点。单纯由屏蔽路由器构成的防火墙并不十分安全，危险地带包括路由器本身及路由器允许访问的主机，一旦屏蔽路由器被攻陷就会对整个网络产生威胁。

①屏蔽路由器通常没有用户的使用记录，这样就不能从访问记录中发现黑客的攻击记录。

②只在网络层和传输层实现。仅局限在网络层和传输层实现的包过滤技术，只能识别和处理网络层和传输层协议；对于高层的协议和信息，由于包过滤防火墙无识别和处理能力，因而其对于通过高层进行的入侵无防范能力。

③配置繁琐。没有一定的经验是不可能将过滤规则配置得完美的。有时因为配置错误，防火墙根本就不起作用。

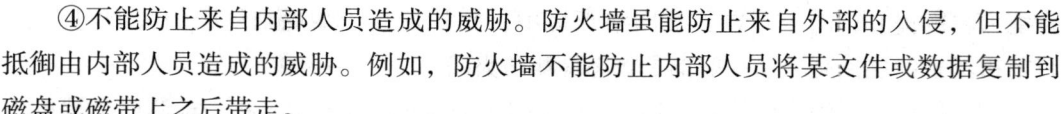

④不能防止来自内部人员造成的威胁。防火墙虽能防止来自外部的入侵，但不能抵御由内部人员造成的威胁。例如，防火墙不能防止内部人员将某文件或数据复制到磁盘或磁带上之后带走。

（4）包过滤防火墙的发展阶段。

①第一代——静态包过滤（Static Packet Filter）防火墙。第一代包过滤防火墙与路由器同时产生，是防火墙的初级产品。静态包过滤防火墙对所接收的每个数据包审查包头信息以便确定其是否与某一条包过滤规则匹配，然后做出允许或者拒绝通过的决定。

②第二代——动态包过滤（Dynamic Packet Filter）防火墙。动态包过滤防火墙采用动态设置包过滤规则的方法，可以动态地决定哪些数据包可以通过内部网络的链路和应用程序层，可以配置相应的访问策略。动态包过滤只有在用户的请求下才打开端口，当通信结束时关闭端口，这样可以降低受到与开放端口相关的攻击的可能性。

动态包过滤防火墙保持了简单包过滤防火墙的优点，性能比较好，同时对应用是透明的，对于安全性也有了大幅提升。这种防火墙摒弃了简单包过滤防火墙仅仅考察进出网络的数据包，不关心数据包状态的缺点，在防火墙的核心部分建立状态连接表，维护了连接，将进出网络的数据当成一个个的事件来处理。

动态包过滤防火墙的弱点也是明显的，过滤判别的依据只是网络层和传输层的有限信息，因而各种安全要求不可能充分满足；在许多过滤器中，过滤规则的数目是有限的，且随着规则数目的增加，性能会受到很大影响；由于缺少上下文关联信息，不能有效地过滤如 UDP、RPC（远程过程调用）一类的协议；另外，大多数过滤器中缺少审计和报警机制，它只能依据包头信息，而不能对用户身份进行验证，很容易受到"地址欺骗型"攻击；对安全管理人员素质要求高，建立安全规则时，必须对协议本身及其在不同应用程序中的作用有较深入地理解，因此，过滤器通常是和应用网关配合使用，共同组成防火墙系统。

③第三代——包状态检测（Stateful Inspection）防火墙。第三代包过滤类防火墙是采用了状态检测技术的防火墙。状态检测防火墙在包过滤的同时，检查数据包之间的关联性，检查数据包中动态变化的状态码。它有一个监测引擎，采用抽取有关数据的方法对网络通信的各层实施监测，抽取状态信息，并动态地保存起来作为以后执行安全策略的参考。当用户访问请求到达网关的操作系统前，状态监视器要抽取有关数据进行分析，结合网络配置和安全规定做出接纳、拒绝、身份认证、报警或给该通信加密等处理动作。

状态检测防火墙保留状态连接表，并将进出网络的数据当成一个个会话，利用状态表跟踪每一个会话状态。状态监测对每一个包的检查不仅根据规则表，更考虑了数据包是否符合会话所处的状态，因此具备了完整的对传输层的控制能力。

状态检测技术在大大提高安全防范能力的同时也改进了流量处理速度，使防火墙性能大幅度提升，能应用在各类网络环境中，尤其是在一些规则复杂的大型网络上。目前市场上的主流防火墙一般都是状态检测防火墙。

④第四代——深度包检测（Deep Packet Inspection）防火墙。状态检测防火墙的安全性得到一定程度的提高，但是在对付 DDoS（分布式拒绝服务）攻击、实现应用层内容过滤、病毒过滤方面的表现也不尽人意。面对这些严重威胁，新一代包过滤类防火墙采用了深度包检测技术。深度包检测技术融合入侵检测和攻击防范的功能，能深入检查信息包，查出恶意行为，可以根据特征检测和内容过滤来寻找已知的攻击，并理解什么是"正常的"通信，同时阻止异常的访问。深度包检测引擎以基于指纹匹配、启发式技术、异常检测以及统计学分析等技术来决定如何处理数据包。深度包检测防火墙能解决 DDoS 攻击、病毒传播问题和高级应用入侵问题。

2. 应用代理防火墙

包过滤器的一个重要特点是，只要特定的数据包能符合过滤规则，它就在防火墙内外的计算机系统之间建立直接链路，使外部网或 Internet 上的用户能够获得内部网络的结构和运行情况。代理服务技术恰是针对防火墙的这一缺陷而引入的。

（1）代理服务的基本原理。代理是提供替代连接并充当服务的桥梁（网关）。代理服务器指代表内网用户向外网服务器进行连接请求的服务程序。当客户机需要使用外网的服务器上的数据时，首先将数据请求发给代理服务器，代理服务器根据请求向真正的服务器索取数据，然后接受服务器应答，并做进一步处理后，将答复交给发出请求的最终客户。同理，代理服务器在外部网络向内部网络申请服务时发挥了中间转接的作用。内网只接受代理服务器提出的服务请求，拒绝外网的直接请求。当外网向内网的某个节点申请某种服务（如 FTP、Telnet、WWW 等）时，先由代理服务器接受，然后代理服务器根据其服务类型、服务内容、被服务的对象等因素，决定是否接受此项服务。如果接受，就由代理服务器向内网转发这项请求，并把结果反馈给申请者。其实现过程如图 7-2 所示。

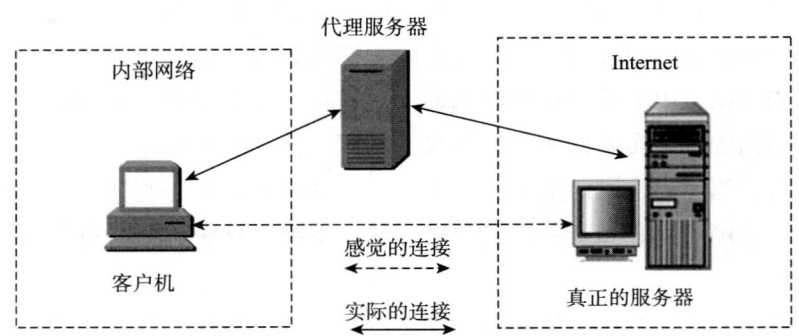

图 7-2 代理服务器的实现过程

可以看出，由于外部网络与内部网络之间没有直接的数据通道，外部的恶意入侵也就很难伤害到内网。

（2）应用代理防火墙的优点。

①易于配置。代理是一个软件，所以它比过滤路由器容易配置，配置界面十分友好。如果代理实现得好，可以对配置协议要求较低，从而避免了配置错误。

②能监控数据流。因代理在应用层检查各项数据，按照一定的规则，让代理生成各项日志、记录，以实现对进出数据流的监控和分析。

③屏蔽被保护网。由于每一个内外网络之间的连接都要通过代理服务器的介入和转换，通过专门为特定的服务如 HTTP 编写的安全化的应用程序进行处理，再由防火墙本身提交请求和应答，没有给内外网络的计算机以任何直接会话的机会，因而能很好地屏蔽受保护网，加强了网络的安全性。这也是代理防火墙最突出的优点。

（3）应用代理防火墙的缺点。

①代理速度比路由器慢。路由器只是简单查看包头信息，不作详细分析、记录。而代理工作于应用层，要检查数据包的内容，按特定的应用协议对数据包内容进行审查、扫描，并进行代理（转发请求或响应），故其速度比路由器慢。

②代理对用户不透明。许多代理要求客户端做相应改动或定制，这给用户增加了不透明度。为内部网络的每一台主机安装和配置特定的客户端软件既耗费时间，又容易出错。

③代理服务缺乏灵活性。除了一些为代理而设的服务，代理服务器要求对客户或过程进行限制，而每一种限制都有不足之处，人们无法按他们自己的步骤工作，因此相比非代理要缺少一些灵活性。

（4）应用代理防火墙的发展阶段。

①应用层代理（Application Proxy）防火墙。应用层代理也称为应用层网关（Application Level Gateway），代理防火墙通过一种代理技术参与到一个 TCP 连接的全过程，能隐藏内部网结构，从内部发出的数据包经过应用层代理防火墙处理后，就好像是源于防火墙外部网络一样。应用层代理的优点是能解释应用协议，支持用户认证，从而能对应用层的数据进行更细粒度的控制。缺点是效率低，不能支持大规模的并发连接，只适用于单一协议。

②自适应代理（Adaptive Proxy）防火墙。应用层代理的主要问题是速度慢，支持的并发连接数有限。因此，NAI 公司在 1998 年又推出了具有“自适应代理”特性的防火墙。自适应代理防火墙对数据包的初始安全检查仍在应用层进行，但是一旦建立安全通道，其后的数据包就可重定向到传输速度较快的网络层快速转发；另外，自适应代理技术还可根据用户定义的安全规则（如服务类型、安全级别等），动态“适应”传送中的数据流量。当安全要求较高时，安全检查仍在应用层中进行，保证防火墙的最大安全性，而一旦可信任身份得到认证，其后的数据便可直接通过速度较快的网络

层进行转发。

 习题 7

一、选择题

1. 非对称密码算法具有很多优点，其中不包括（ ）。

A. 可提供数字签名、零知识证明等额外服务

B. 加密/解密速度快，不需占用较多资源

C. 通信双方事先不需要通过保密信道交换密钥

D. 密钥持有量大大减少

2. 以下对于对称密钥加密说法正确的是（ ）。

A. 对称加密算法的密钥易于管理

B. 加解密双方使用不同的密钥

C. DES 算法属于对称加密算法

D. 相对于非对称加密算法，加解密处理速度比较慢

3. 以下关于数字签名说法不正确的是（ ）。

A. 数字签名是在所传输的数据后附加一段和传输数据毫无关系的数字信息

B. 数字签名能够解决数据的加密传输，即安全传输问题

C. 数字签名一般采用对称加密机制

D. 数字签名能够解决篡改、伪造等安全性问题

4. 关于 CA 和数字证书的关系，以下说法不正确的是（ ）。

A. 数字证书是保证双方之间的通讯安全的电子信任关系，由 CA 签发

B. 数字证书能以一种不能被假冒的方式证明证书持有人身份

C. 在电子交易中，数字证书可以用于表明参与方的身份

D. 数字证书一般依靠 CA 中心的对称密钥机制来实现

5. 包过滤型防火墙原理上是基于（ ）进行分析的技术。

A. 物理层　　　　　　　　　　B. 数据链路层

C. 网络层　　　　　　　　　　D. 应用层

6. 防火墙对数据包进行状态检测包过滤时，不会进行过滤的是（ ）。

A. 源和目的 IP 地址　　　　　　B. 源和目的端口

C. IP 协议号　　　　　　　　　D. 数据包中的内容

7. 下面关于包过滤防火墙的描述中正确的是（ ）。

A. 包过滤防火墙能鉴别数据包 IP 源地址的真伪

B. 包过滤防火墙能在 OSI 最高层上加密数据

C. 通常情况下，包过滤防火墙不记录和报告入侵包的情况

D. 包过滤防火墙能防止来自企业网内部的人员造成的威胁

二、填空题

1. 对通信系统与网络的威胁分为_____和_____两类，其中_____包括攻击者通过搭接通信线路来截获信息和_____等方式，对付它的最有效的方法是_____。

2. 数字签名提供的安全机制主要体现在_____、_____和_____三个方面。

3. 可信任计系统评价标准将计算机系统的安全程度从低到高分为_____等_____级。

4. 访问控制主要分为_____和_____两类。

三、简答题

1. 系统安全性的内容有哪些？

2. 操作系统中标识与鉴别机制的功能是什么？

3. 讨论自主访问控制和强制访问控制的区别。

4. 什么是最小特权原则？

5. 什么是对称加密算法和非对称加密算法？两者各有什么优缺点？

6. 可利用哪几种方式来确定用户身份的真实性？

7. 什么是包过滤技术？简要说明其基本原理。

8. 简述代理服务器的工作过程。

9. 什么是数字证书，它与 CA 有什么联系？

单元二　实践能力训练项目

单元二为本书操作系统的实践能力训练项目，通过实训项目，掌握 Linux 操作系统的安装、基本命令的使用、文件目录管理、用户管理、Linux 系统的网络设置、并在 Linux 系统上搭建 LAMP 环境，完成一个简单的网站发布。通过能力训练项目，将单元一所学的操作系统理论知识与实践项目相结合，加深对操作系统概念的理解，实现操作系统的应用实践。

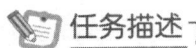

项 目 8

Linux 系统安装

Linux 操作系统是众多操作系统中的一种，其具有免费、开源、兼容 POSIX1.0 标准、多用户和多任务等优点，因此成为主流的操作系统。Linux 系统主要被应用于服务器端、嵌入式开发和 PC 桌面三大领域，其中服务器端是其最主要的应用领域。Linux操作系统具有多种发行版本，包括 Red Hat、Ubuntu、Debian、CentOS 等，本项目介绍Centos 的安装及 Linux 命令的基本格式，Linux 系统的远程连接及 Linux 基本的文本编辑使用。

任务 8 – 1　VMware 安装 Centos

📋 任务描述

安装 Linux 系统并进行设置

📋 学习目标

- 掌握 Linux 系统的安装流程
- 掌握 Linux 系统的设置

8.1.1　安装 CentOS

通过 VMware 虚拟机来安装 CentOS，安装前要装备好 VMware 软件和 CentOS 镜像。具体的步骤如下：

点击"创建新的虚拟机"，进入虚拟机设置向导界面，如图 8 – 1 所示，选择"典型（推荐）"，如图 8 – 2 所示。

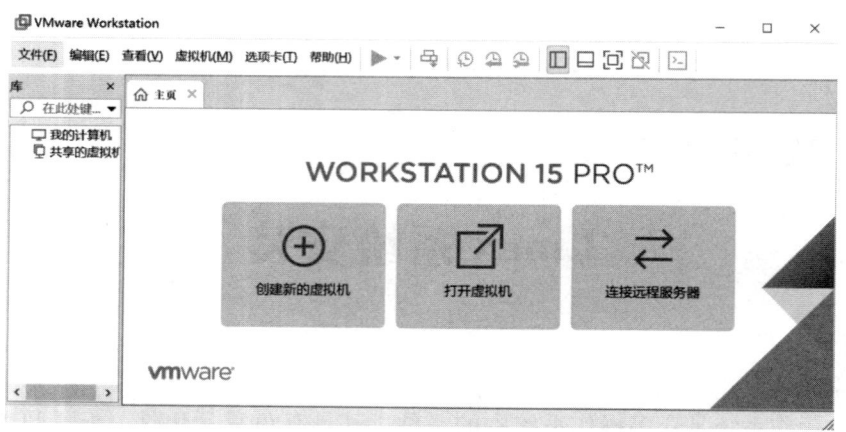

图 8 - 1　创建虚拟机

图 8 - 2　虚拟机向导

点击"下一步",进入"安装操作系统"界面,若已提前准备好 Linux 系统的映像文件（".iso"文件）,此处可选择"安装程序光盘映像文件",并通过"浏览"按钮找到要安装 Linux 系统的".iso"文件;否则选择"稍后安装操作系统",如图 8 - 3 所示。

填写虚拟机的名称和安装所在的位置,点击"下一步",如图 8 - 4 所示。

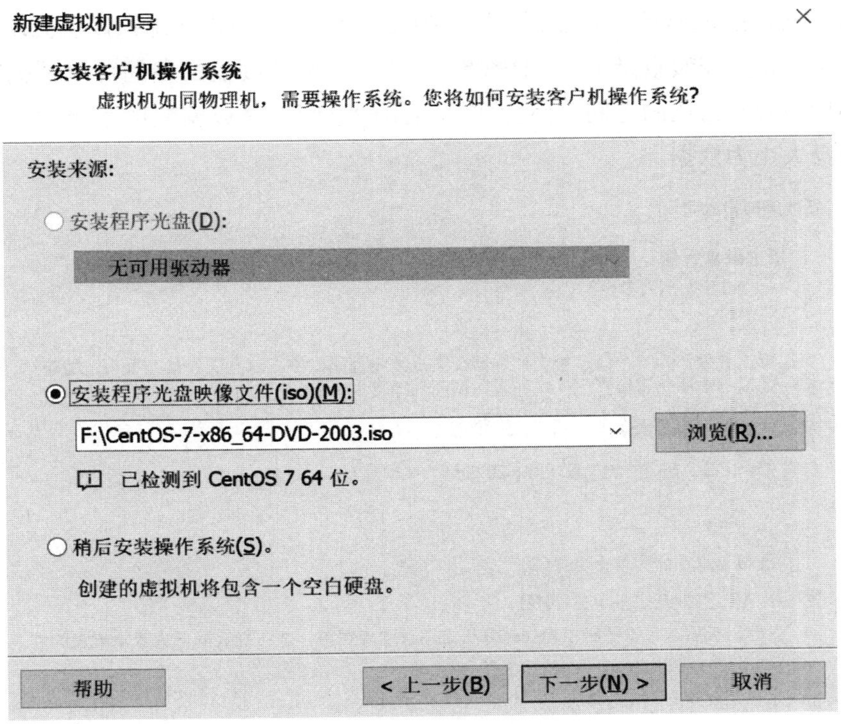

新建虚拟机向导　　　　　　　　　　　　　　　　　　　　　　×

安装客户机操作系统

　　虚拟机如同物理机，需要操作系统。您将如何安装客户机操作系统?

安装来源:

　○ 安装程序光盘(D):

　　　无可用驱动器　　　　　　　　　　　　　　　　　　∨

　◉ 安装程序光盘映像文件(iso)(M):

　　　F:\CentOS-7-x86_64-DVD-2003.iso　　　　　∨　　　浏览(R)...

　　　💬 已检测到 CentOS 7 64 位。

　○ 稍后安装操作系统(S)。

　　　创建的虚拟机将包含一个空白硬盘。

　　帮助　　　　　　　　< 上一步(B)　　下一步(N) >　　　取消

图 8 - 3　选择光盘映像文件

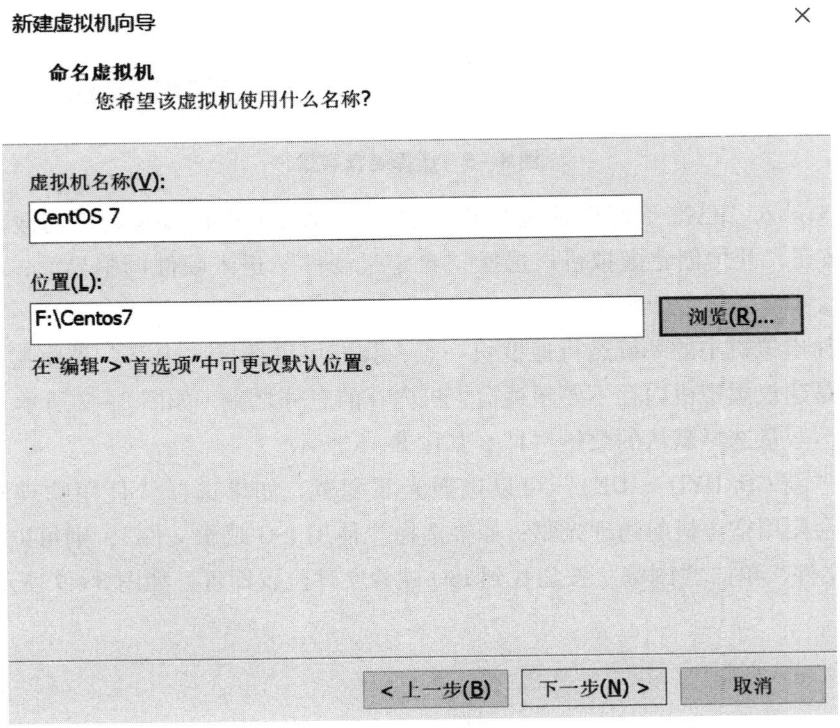

新建虚拟机向导　　　　　　　　　　　　　　　　　　　　　　×

命名虚拟机

　　您希望该虚拟机使用什么名称?

虚拟机名称(V):

CentOS 7

位置(L):

F:\Centos7　　　　　　　　　　　　　　　　　　　　浏览(R)...

在"编辑">"首选项"中可更改默认位置。

　　　　　　　　　　　　　　< 上一步(B)　　下一步(N) >　　　取消

图 8 - 4　安装位置

　　进入"指定磁盘容量"界面，默认虚拟硬盘大小为20GB（虚拟硬盘会以文件形式存放在虚拟机系统安装目录中），如图8-5所示。虚拟硬盘的空间可以根据需要调整大小，不用担心其占用的空间，因为实际占用的空间还是以安装的系统大小而非此处划分的硬盘大小为依据。

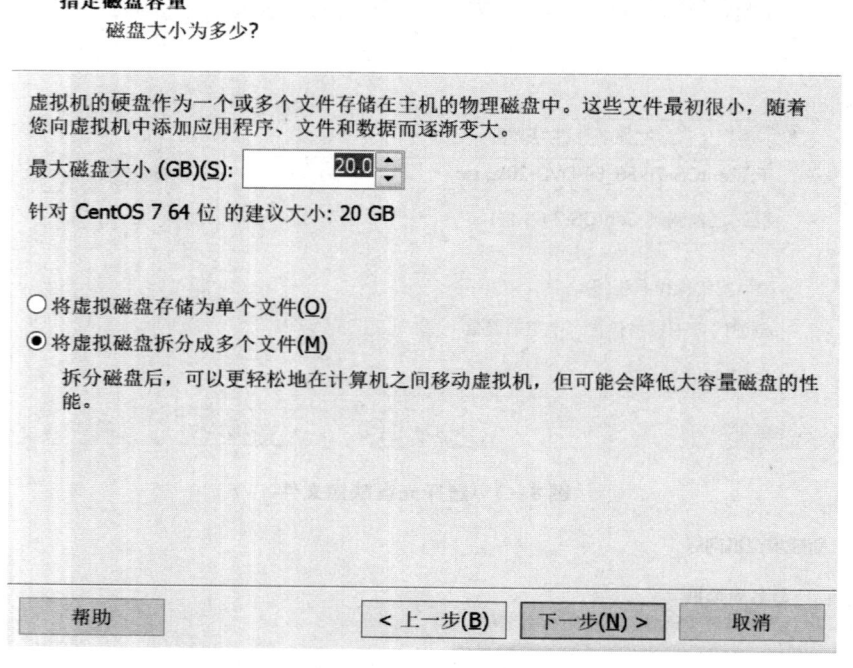

图8-5　选择磁盘容量

　　接下来进入"已准备好创建虚拟机"界面，确认虚拟机设置，不需改动则单击"完成"按钮，开始创建虚拟机；选择"自定义硬件"进入硬件调整界面，配置如图8-6所示。

　　为了让虚拟机中的系统运行速度快一点，我们可以选择"内存"调整虚拟机内存大小，但是建议虚拟机内存不要超过宿主机内存的三分之一，如图8-7所示。

　　处理器数量选择默认的数量"1"，如图8-8所示

　　选择"新CD/DVD（IDE）"可以选择光驱配置。如果选择"使用物理驱动器"，则虚拟机会使用宿主机的物理光驱；如果选择"使用ISO映像文件"，则可以直接加载ISO映像文件，单击"浏览"按钮找到ISO映像文件位置即可，如图8-9所示。

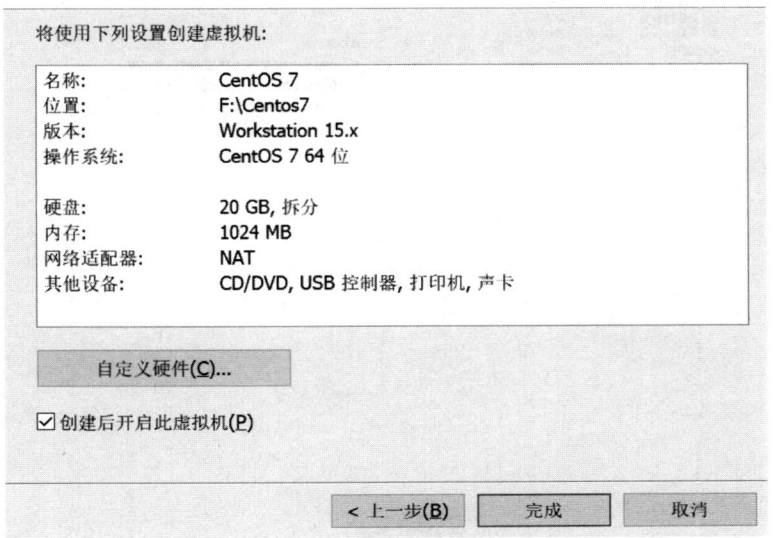

图 8-6 完成安装准备

图 8-7 设置内存

图 8 − 8　设置处理器

图 8 − 9　选择映像文件

选择"网络适配器"将进入 VMware 设置中较难理解的部分——设置网络类型，此设置较复杂，不过网络适配器配置在虚拟机系统安装完成后还可以再行修改。在 VMware 安装好后，会生成两个虚拟网卡 VMnet1 和 VMnet8（在 Windows 系统的"网络连接"中可以查看到），如图 8 - 10 所示。

图 8 - 10　网络连接设置

VMware 提供的网络连接有五种，分别是"桥接模式""NAT 模式""仅主机模式""自定义网络"和"LAN 区段"：

（1）桥接模式：相当于虚拟机的网卡和宿主机的物理网卡均连接到虚拟机软件所提供的 VMnet0 虚拟交换机上，因此虚拟机和宿主机是平等的，相当于一个网络中的两台计算机。这种设置保证虚拟机既可以和宿主机通信，也可以和局域网内的其他主机通信，还可以连接 Internet，是限制最少的连接方式，是值得推荐使用的一种模式。

（2）NAT 模式：相当于虚拟机的网卡和宿主机的虚拟网卡 VMnet8 连接到虚拟机软件所提供的 VMnet8 虚拟交换机上，因此本机是通过 VMnet8 虚拟网卡通信的。在这种网络结构中，VMware 为虚拟机提供了一个虚拟的 NAT 服务器和一个虚拟的 DHCP 服务器，虚拟机利用这两个服务器可以连接到 Internet。所以，在正常情况下，虚拟机系统只要设定自动获取 IP 地址，就能既和宿主机通信，又能连接到 Internet 了。但是这种设置不能连接局域网内的其他主机。

（3）仅主机模式：宿主机和虚拟机通信使用的是 VMware 的虚拟网卡 VMnet1，但是这种连接没有 NAT 服务器为虚拟机提供路由功能，所以仅主机网络只能连接宿主机，不能连接局域网，也不能连接 Internet 网络。

（4）自定义网络：可以手工选择使用哪块虚拟机网卡。如果选择 Vmnet1，就相当于桥接网络；如果选择 VMnet8，就相当于 NAT 网络。

（5）LAN 区段：这是新版 VMware 新增的功能，类似于交换机中的 VLAN（虚拟局域网），可以在多台虚拟机中划分不同的虚拟网络。

常用设置有以下两种：

（1）需要宿主机的 Windows 和虚拟机的 Linux 能够进行网络连接的，使用"桥接模式"（桥接时，Linux 也可以访问互联网，只是虚拟机需要配置和宿主机 Windows 同样的联网环境）；

（2）需要宿主机的 Windows 和虚拟机的 Linux 能够进行网络连接，同时虚拟机的 Linux 可以通过宿主机的 Windows 连入互联网的，使用"NAT 模式"。

这里我们选择 NAT 模式，如图 8 –11 所示。

图 8 –11 NAT 模式设置

硬盘配置设置完成后，点击图中的"我已完成安装"按钮，之后等待虚拟机安装 Centos，进行下一步配置，如图 8 –12 所示。

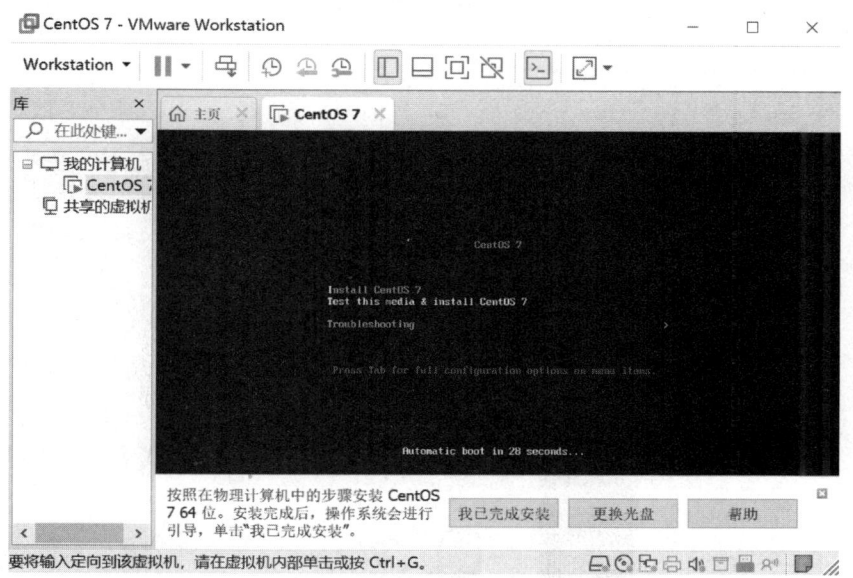

图 8 – 12　完成安装

任务 8 – 2　Centos 系统设置

安装结束后，要进行 Centos 系统设置，需要选择语言，这里选择"简体中文"，点击"继续"，如图 8 – 13 所示。

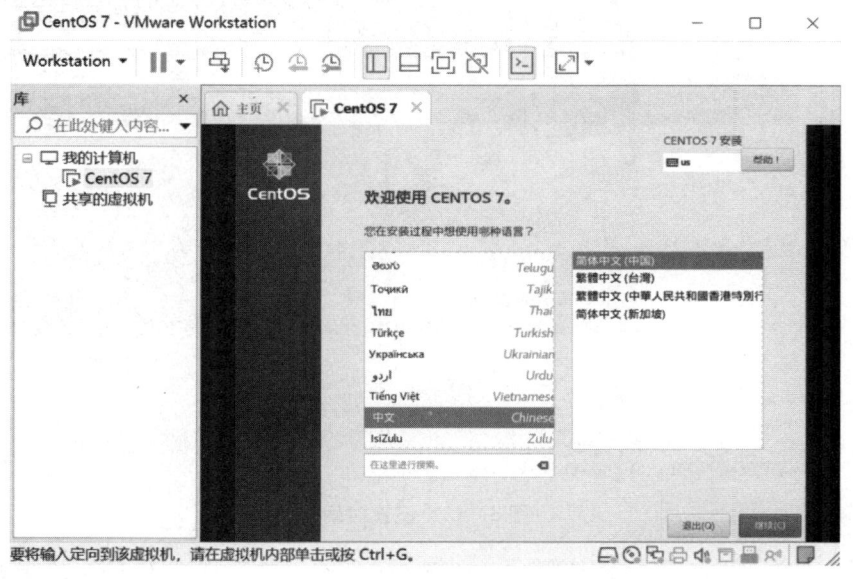

图 8 – 13　设置语言

选择"日期和时间"配置系统时间，这里选择"上海"，如图 8 – 14 和图 8 – 15

所示。

图 8 - 14　设置日期

图 8 - 15　设置时间

　　之后，如图 8 - 16 所示，选择"软件选择"，进入之后选"带 GUI 的服务器"选
项，如图 8 - 17 所示。

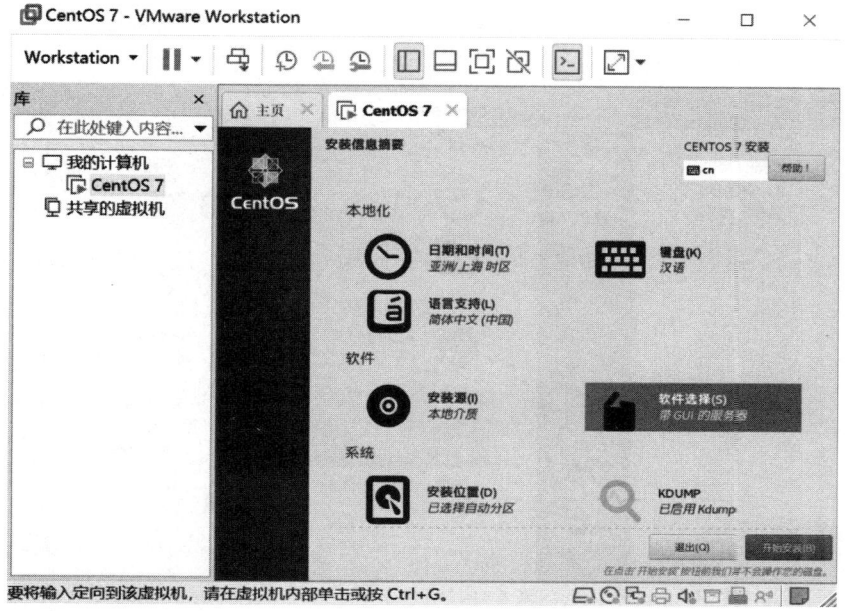

图 8 – 16　软件选择

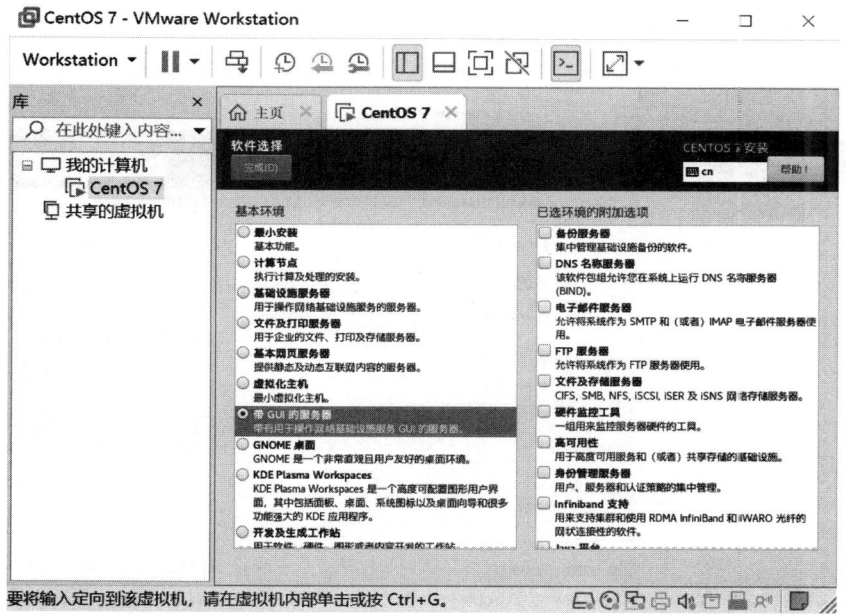

图 8 – 17　设置 GUI

　　如图 8 – 18 所示，点击"安装位置"，之后进行分区配置，如图 8 – 19 所示，选择"我要配置分区"，点击"完成"，之后会进入手动分区页面，点击"＋"号添加挂载点，如图 8 – 20 所示，

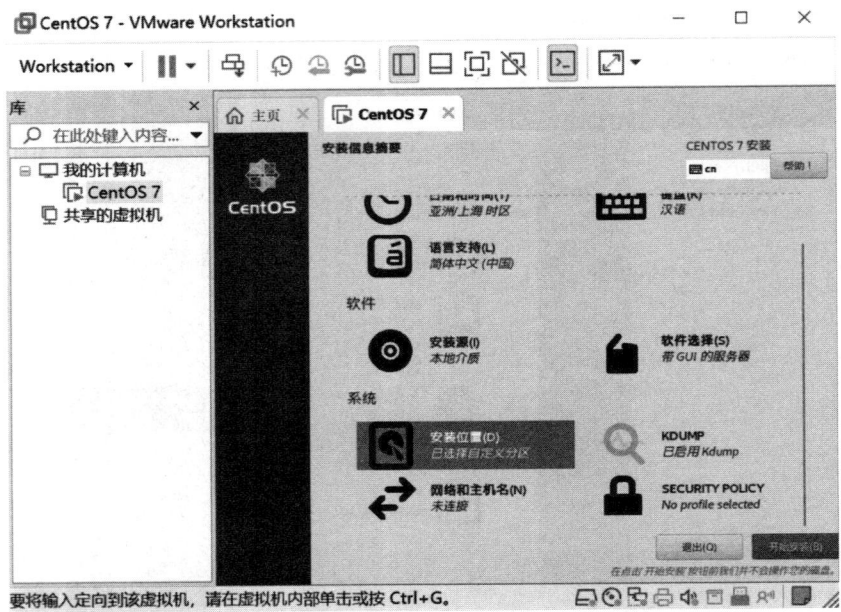

图 8 – 18　安装位置

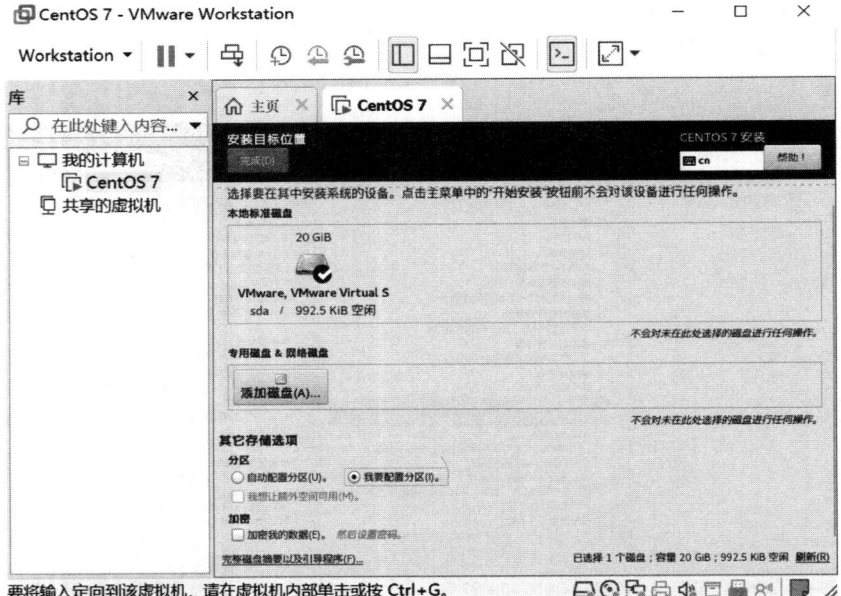

图 8 – 19　添加挂载点

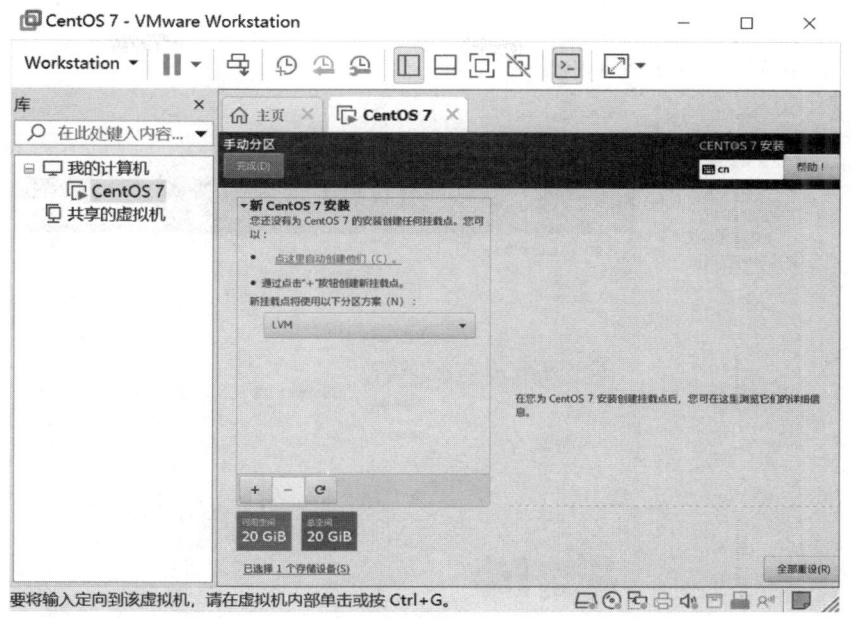

图 8 − 20   手动分区设置

分区的空间分配和格式下如表 8 − 1 所示，配置完后会如图 8 − 21 所示。

表 8 − 1   分区配置

分区名	空间	格式	功能描述
boot	300MB	ext4	引导分区，包含了系统启动的必要内核文件
swap	2048MB	swap	类似于 Windows 的虚拟内存
home	2096MB	ext4	存放用户数据
var	1024MB	ext4	存放 log 日志文件
/	余下所有空间	ext4	系统所有文件的开始目录

配置完，点击"开始安装"，如图 8 − 22 所示，会进入下一步"用户设置"，点击"ROOT 密码"，设置管理员用户和密码，如图 8 − 23 所示。

最后就可以等待系统安装完成了，安装完进入 CentOS，图 8 − 24 所示为图形界面，图 8 − 25 所示为命令行模式。

若当前处于图形界面时，按 ctrl + alt + F2 可进入命令行模式，若当前处于命令行模式，按 ctrl + alt + F1 可进入图形界面，ctrl + alt 可以退出虚拟机模式，返回主机。

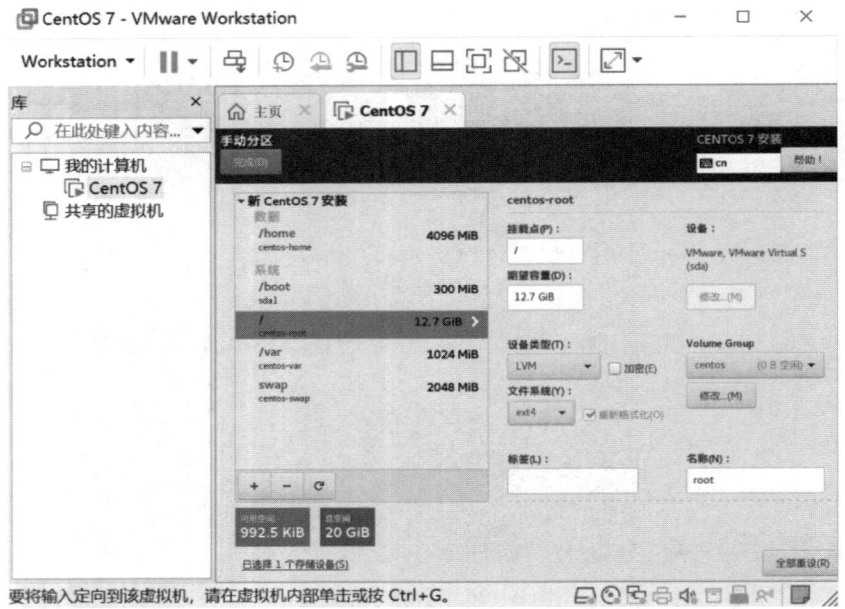

图 8 - 21　手工分区设置

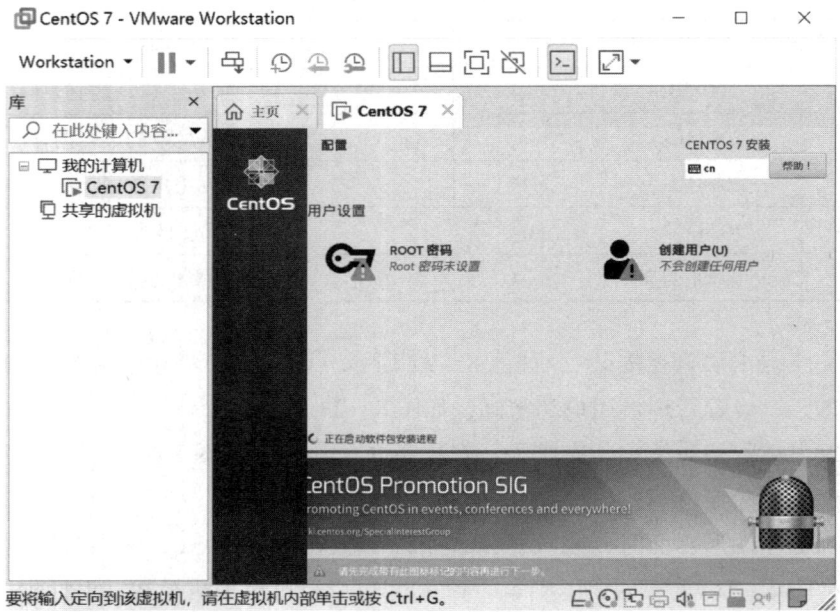

图 8 - 22　设置密码 1

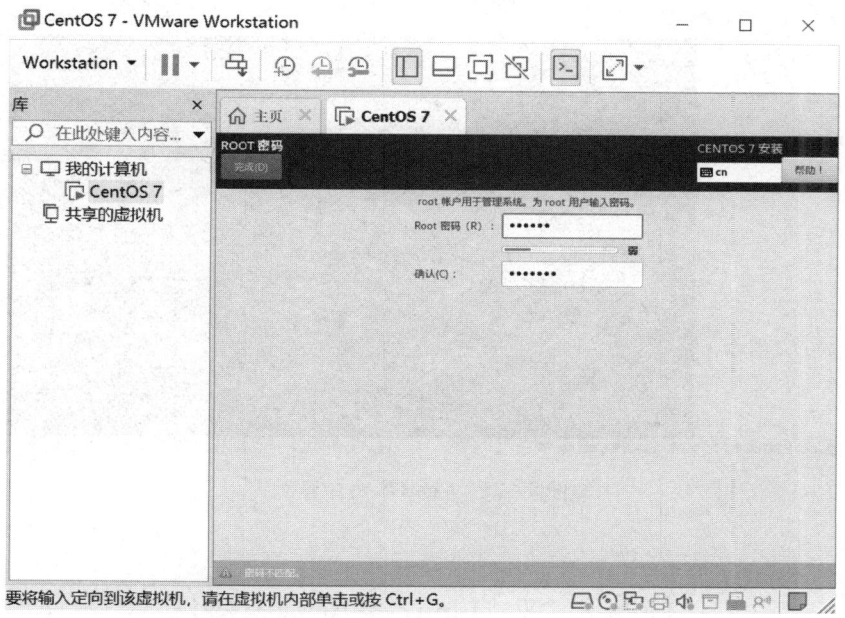

图 8 – 23　设置密码 2

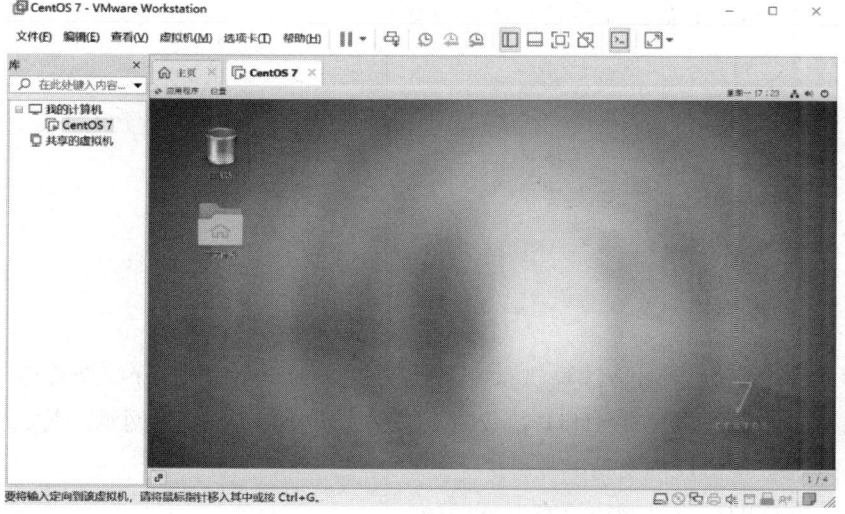

图 8 – 24　CentOS 图形界面

图 8 – 25　CentOS 命令界面

任务 8 – 3　Linux 系统基市操作

任务描述

远程连接 Linux 系统并完成简单的指令操作

学习目标

- 掌握 Linux 系统的远程连接
- 掌握 Linux 系统指令基本格式
- 掌握 Linux 系统文本编辑

8.3.1　远程连接

远程管理，实际上就是计算机（服务器）之间通过网络进行数据传输（信息交换）的过程，与浏览器需要 HTTP 协议（超文本传输协议）浏览网页一样，远程管理同样需要远程管理协议的支持。

目前，常用的远程管理协议有以下四种：

RDP（Remote Desktop Protocol）协议：远程桌面协议，大部分 Windows 系统都默认支持此协议，Windows 系统中的远程桌面管理就基于该协议。

RFB（Remote Frame Buffer）协议：图形化远程管理协议，VNC 远程管理工具就基于此协议。

Telnet 协议：命令行界面远程管理协议，几乎所有的操作系统都默认支持此协议。

此协议的特点是，在进行数据传送时使用明文传输的方式，也就是不对数据进行加密。

SSH（Secure Shell）协议：命令行界面远程管理协议，几乎所有操作系统都默认支持此协议。和 Telnet 不同，该协议在数据传输时会对数据进行加密并压缩，因此使用此协议传输数据既安全速度又快。

介于安全性和稳定性的考虑，大部分的服务器都舍弃图形管理界面而选择命令行界面，因此远程管理 Linux 服务器常使用基于 SSH 协议的命令行管理方式。

目前，基于 SSH 协议常用的远程管理工具有 SecureCRT、Xshell、PuTTY、WinSCP等，本书选择对如何使用 SecureCRT 远程管理工具来连接主机与虚拟机进行说明。

安装 SecureCRT 并启动后，单击"快速连接"按钮，输入虚拟机 IP 地址和用户名，按照提示输入密码即可登录，以完成主机与虚拟机的连接，如图 8 - 26 和图 8 - 27 所示。

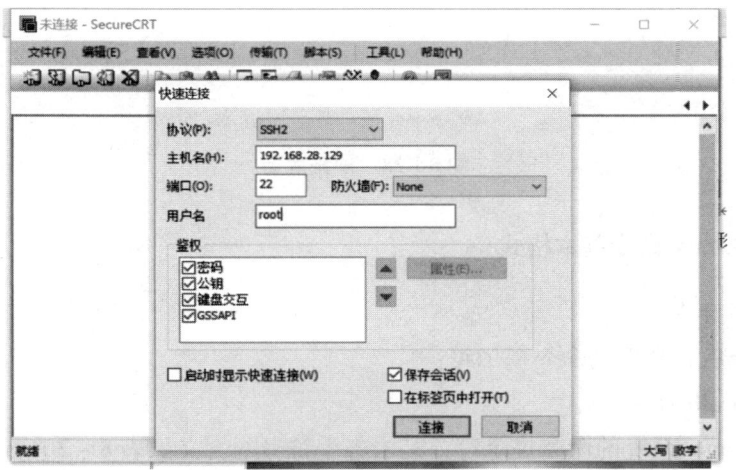

图 8 - 26　快速连接

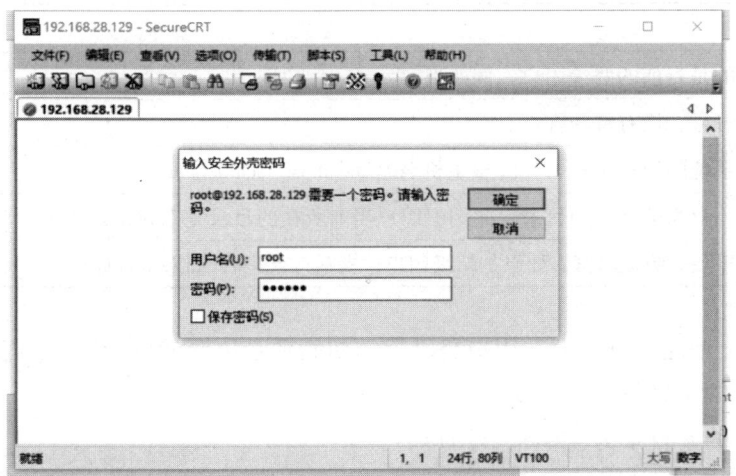

图 8 - 27　用户和密码

连接完成后，显示如图 8 – 28 所示。

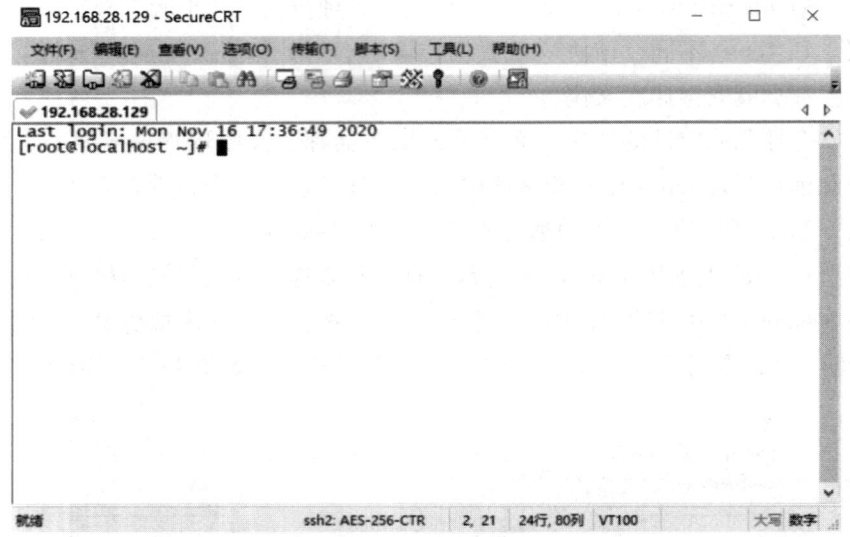

图 8 – 28　连接成功

8.3.2　Linux 命令基本格式

1. 命令提示符

登录系统后，会看到命令提示符：

［root@ localhost ~ ］#。

这就是 Linux 系统的命令提示符，其中各个符号的含义如表 8 – 2 所示。

表 8 – 2　命令提示符含义

符号	含义
root	显示的是当前的登录用户，例如当前为 root 用户登录。
@	分隔符号，没有特殊含义。
localhost	当前系统的简写主机名（完整主机名是 localhost. localdomain）。
~	代表用户当前所在的目录，此例中用户当前所在的目录是家目录。
#	用户权限等级提示符，如果是超级用户，提示符就是#；如果是普通用户，提示符就是 $ 。

Linux 系统是纯字符界面，用户登录后的初始登录位置就称为用户的家：

超级用户的家目录为：/root。

普通用户的家目录为：/home/用户名。

如果输入：

［root@ localhost ~ ］#cd/usr/local

178

［root@ localhostlocal］＃

命令提示符中的"～"会变成用户当前所在目录的最后一个目录，注意只显示最后一个目录 local，而不是显示完整的所在目录/usr/local。

2. 命令的基本格式

Linux 命令的基本格式：

［root@ localhost ～］＃命令 ［选项］［参数］

［］代表可选项，如果不写选项或参数，就以默认的情况和参数执行命令。以 Linux 系统最常见的 ls 命令来解释一下命令的格式：

如图 8 - 29 所示，ls 命令中如果显示的当前目录下的文件名中加了"- l"选项，就增加了文件的详细信息。

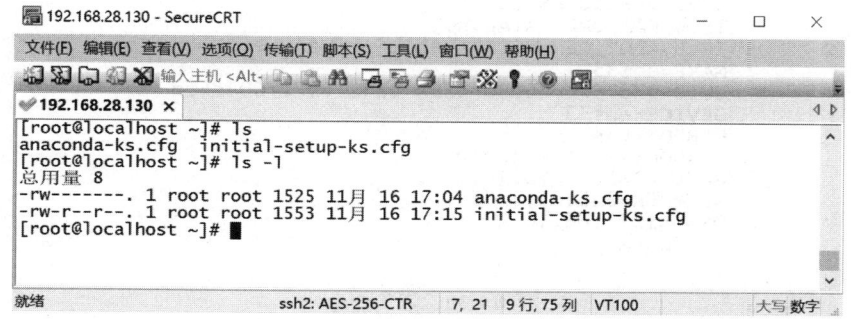

图 8 - 29　基本命令格式

使用 Linux 时，通过命令行输入：

［root@ localhost ～］＃ls - l

可以看到，在 Linux 系统根目录（/）下包含很多的子目录（称为一级目录），例如 bin、boot、dev 等。同时，各一级目录下还含有很多子目录（称为二级目录），比如/bin/bash、/bin/ed 等。Linux 文件系统目录总体呈现树形结构，/根目录就相当于树根。Linux 系统所有目录都是由根目录衍生出来的，而且根目录与系统的开机、修复、还原密切相关，根目录必须包含开机软件、核心文件、开机所需程序、函数库、修复系统程序等文件。

8.3.3　Linux 文本编辑

Linux 系统中所有的内容都以文件的形式进行存储，当在命令行下更改文件内容时，常会用到文本编辑器。Vim 是一个基于文本界面的编辑工具，使用简单且功能强大。更重要的是，Vim 是所有 Linux 发行版本默认的文本编辑器。Vim 是 Vi 的增强版，在 Vi 的基础上增加了正则表达式的查找、多窗口的编辑等功能，使用 Vim 进行程序开发会更加方便。

使用 Vim 编辑文件时，存在三种工作模式，分别是命令模式、输入模式和编辑模式，这三种工作模式可随意切换。

1. 命令模式

输入"vim/test/vi. test"打开文件。

使用 Vim 编辑文件时，默认处于命令模式。此模式下，可使用方向键（上、下、左、右键）或 k、j、h、i 移动光标的位置，还可以对文件内容进行复制、粘贴、替换、删除等操作。

2. 输入模式

在命令模式状态下输入 i、I、o、O、a、A 等插入命令，可以进入输入模式，如图 8 – 30 所示，输入"i"命令，对文件执行写操作。插入命令的具体含义如表 8 – 3 所示。

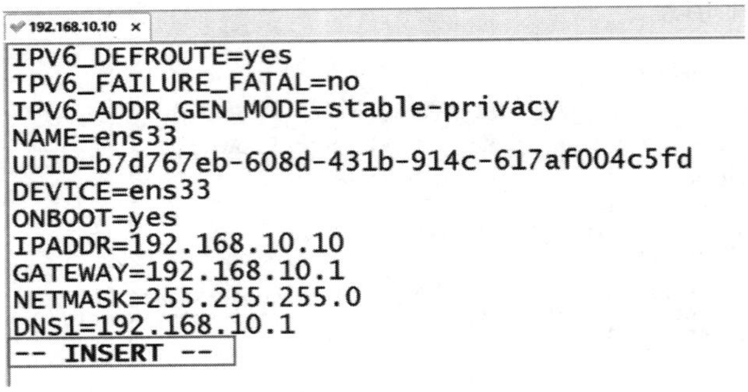

```
192.168.10.10  ×
IPV6_DEFROUTE=yes
IPV6_FAILURE_FATAL=no
IPV6_ADDR_GEN_MODE=stable-privacy
NAME=ens33
UUID=b7d767eb-608d-431b-914c-617af004c5fd
DEVICE=ens33
ONBOOT=yes
IPADDR=192.168.10.10
GATEWAY=192.168.10.1
NETMASK=255.255.255.0
DNS1=192.168.10.1
-- INSERT --
```

图 8 – 30　插入命令

表 8 – 3　插入命令含义

快捷键	功能描述
i	在当前光标所在位置插入随后输入的文本，光标后的文本相应向右移动
I	在光标所在行的行首插入随后输入的文本，行首是该行的第一个非空白字符，相当于光标移动到行首执行 i 命令
o	在光标所在行的下面插入新的一行。光标停在空行首，等待输入文本
O	在光标所在行的上面插入新的一行。光标停在空行的行首，等待输入文本
a	在当前光标所在位置之后插入随后输入的文本
A	在光标所在行的行尾插入随后输入的文本，相当于光标移动到行尾再执行 a 命令

3. 编辑模式

编辑模式用于对文件中的指定内容执行保存、查找或替换等操作。

使 Vim 切换到编辑模式的方法是在命令模式状态下按"："键，Vim 窗口的左下方会出现一个"："符号，这时就可以输入相关指令进行操作了，如图 8 – 31 所示，执行了保存并退出命令。

指令执行后 Vim 会自动返回命令模式，如想直接返回命令模式，按 Esc 即可。

Vim 的保存和退出是在编辑模式中进行的，其常用命令如表 8 –4 所示。

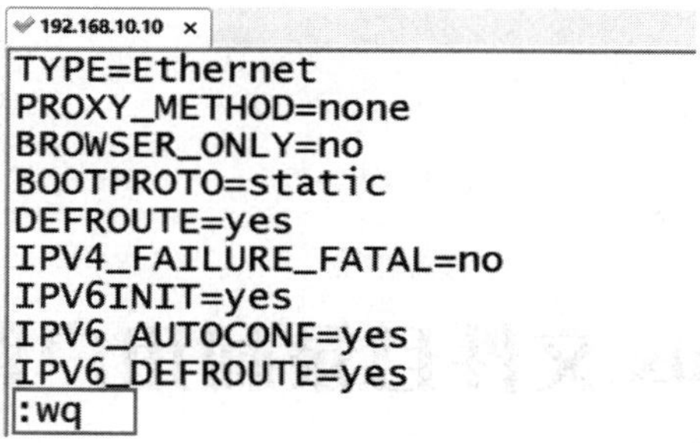

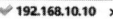

```
✅ 192.168.10.10  ×
TYPE=Ethernet
PROXY_METHOD=none
BROWSER_ONLY=no
BOOTPROTO=static
DEFROUTE=yes
IPV4_FAILURE_FATAL=no
IPV6INIT=yes
IPV6_AUTOCONF=yes
IPV6_DEFROUTE=yes
:wq
```

图 8 - 31　插入命令

表 8 - 4　保存和退出命令

命令	功能描述
：wq	保存并退出 Vim 编辑器
：wq!	保存并强制退出 Vim 编辑器
：q	不保存就退出 Vim 编辑器
：q!	不保存，且强制退出 Vim 编辑器
：w	保存但是不退出 Vim 编辑器
：w!	强制保存文本
：w filename	另存到 filename 文件
x!	保存文本，并退出 Vim 编辑器，更通用的一个 vim 命令
ZZ	直接退出 Vim 编辑器

项 目 9

Linux 文件目录和用户管理

Linux 系统都是由文件和目录组成，使用 Linux 最多的操作就是文件和目录操作，对于 Linux 系统我们要理解 Linux 系统的文件结构，掌握文件的各种操作。文件的操作权限，涉及用户和用户组管理的知识。Linux 属于服务器操作系统，而服务器需要多人维护，因此要赋予不同操作者不同的权限，进而要通过用户管理来实现不同用户，不同组的管理；用户和用户组管理主要涉及添加用户和用户组、更改密码和设定权限等操作。本项目主要包括认识 Linux 文件目录系统、认识 Linux 系统用户和用户组管理和认识 Linux 权限管理三个任务。

任务 9-1　认识 Linux 文件目录系统

任务描述

Linux 系统的文件目录查看、复制和删除

学习目标

- 理解 Linux 系统的目录挂载
- 掌握 Linux 系统的目录管理常用指令

9.1.1　Linux 文件目录结构

使用 Linux 时，通过命令行输入：

［root@ localhost ~］#ls－l

可以看到，在 Linux 系统根目录（/）下包含很多的子目录（称为一级目录），例如 bin、boot、dev 等。同时，各一级目录下还含有很多子目录（称为二级目录），比如 /bin/bash、/bin/ed 等。Linux 文件系统目录总体呈现树形结构，/根目录就相当于树根。Linux 系统所有目录都是由根目录衍生出来的，而且根目录与系统的开机、修复、还原密切相关，根目录必须包含开机软件、核心文件、开机所需程序、函数库、修复

系统程序等文件。

9.1.2　Linux 挂载

Linux 系统中"一切皆文件",所有文件都放置在以根目录为树根的树形目录结构中。在 Linux 看来,任何硬件设备也都是文件,它们各有自己的一套文件系统(文件目录结构)。挂载,指的就是将设备文件中的顶级目录连接到 Linux 根目录下的某一目录(最好是空目录),访问此目录就等同于访问设备文件。注意并不是根目录下任何一个目录都可以作为挂载点,由于挂载操作会使得原有目录中文件被隐藏,因此根目录以及系统原有目录都不能作为挂载点,否则会造成系统异常甚至崩溃,挂载点最好是新建的空目录。

例如,当 U 盘插入 Linux 后,系统也确实会给 U 盘分配一个目录文件(比如 sdb1),此目录文件就位于/dev/目录(/dev/sdb1)下,但无法通过/dev/sdb1/直接访问 U 盘数据,访问此目录只会提供给你此设备的一些基本信息(比如容量)。如下图 9 – 1 所示,为 Linux 系统文件目录和 U 盘的文件目录,U 盘建立/sdb – u 目录,再通过命令和输入:

［root@ localhost ~］ #mkdir sdb – u

［root@ localhost ~］ #mount – t vfat/dev/sdb1/sdb – u

把 U 盘挂载到/sdb – u 文件夹下,就完成了 U 盘的挂载,U 盘文件系统成为 Linux 文件系统目录的一部分,如图 9 – 2 所示,此时访问/sdb – u/就等同于访问 U 盘。

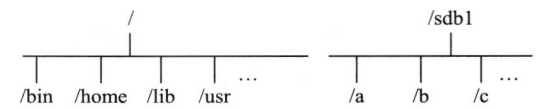

（a）Linux系统文件目录（一部分）　　　（b）U盘文件系统目录

图 9 – 1　系统文件目录和 U 盘的文件目录

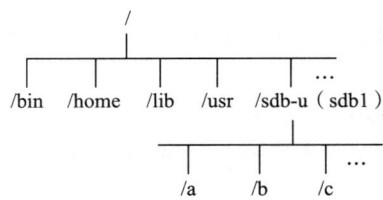

图 9 – 2　U 盘的文件目录挂载

9.1.3　掌握 Linux 目录管理常用命令

● cd 命令的功能是用来切换工作目录。

［root@ localhost ~］ #cd ［相对路径或绝对路径］

另外 cd 命令后面可以带一些特殊符号来表达固定的含义，如表 9 - 1 所示。

表 9 - 1　cd 命令的特殊符号

特殊符号	作用
~	进入当前登录用户的主目录
~用户名	切换至指定用户的主目录
-	代表上次所在目录
.	代表当前目录
..	代表上级目录

如图 9 - 3 所示，执行 cd/usr/local/src 进入/usr/local/src 目录，之后，执行 cd - 返回上次所在目录，之后执行 cd/usr/local/src，再次进入/usr/local/src 目录，执行 cd..返回上级目录，也就是/usr/local，最后执行 cd ~，返回根目录。

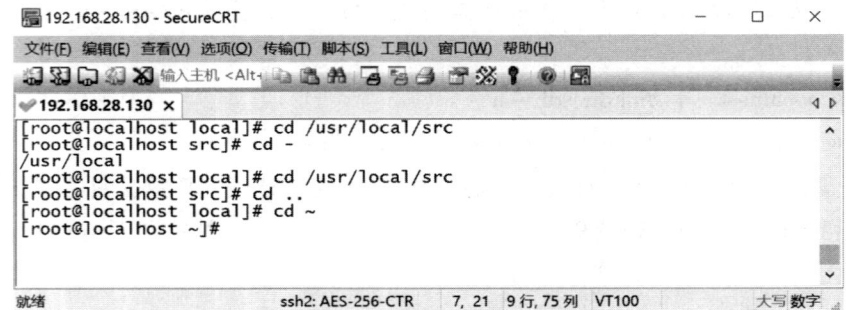

图 9 - 3　cd 命令

● pwd 命令：显示当前路径。

pwd 命令的功能是显示用户当前所处的工作目录。该命令的基本格式为：

［root@ localhost ~］#pwd

如图 9 - 4 所示，在不同的目录下运行 pwd 指令，都会显示当前的目录。

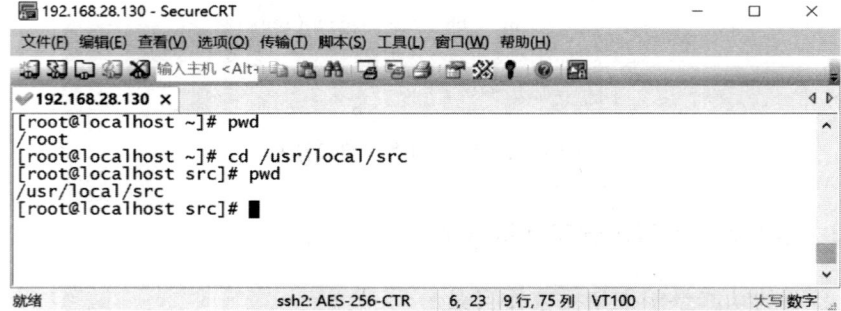

图 9 - 4　pwd 命令

● ls 命令，主要功能是显示当前目录下的内容。此命令的基本格式为：

［root@ localhost ~ ］#ls［选项］目录名称

表 9 - 2 列出了 ls 命令常用的选项以及各自的功能。

表 9 - 2　ls 命令常用选项及功能

选项	功能
- a	显示全部的文件，包括隐藏文件。
- A	显示全部的文件，连同隐藏文件，但不包括 . 与 . . 这两个目录。
- d	仅列出目录本身，而不列出目录内的文件数据。
- h	以人们易读的方式显示文件或目录大小，如 1KB、234MB、2GB 等。
- l	使用长格式列出文件和目录信息。
- n	以 UID 和 GID 分别代替文件用户名和群组名显示出来。
- r	将排序结果反向输出。
- S	以文件容量大小排序，而不是以文件名排序。
- t	以时间排序，而不是以文件名排序。

如图 9 - 5 所示，执行 ls - al，显示以长格式列出当前目录下的全部文件，执行 ls - a，显示当前目录下的全部文件名，执行 ls - al/usr/local，以长格式列出/usr/local 目录下的全部文件。

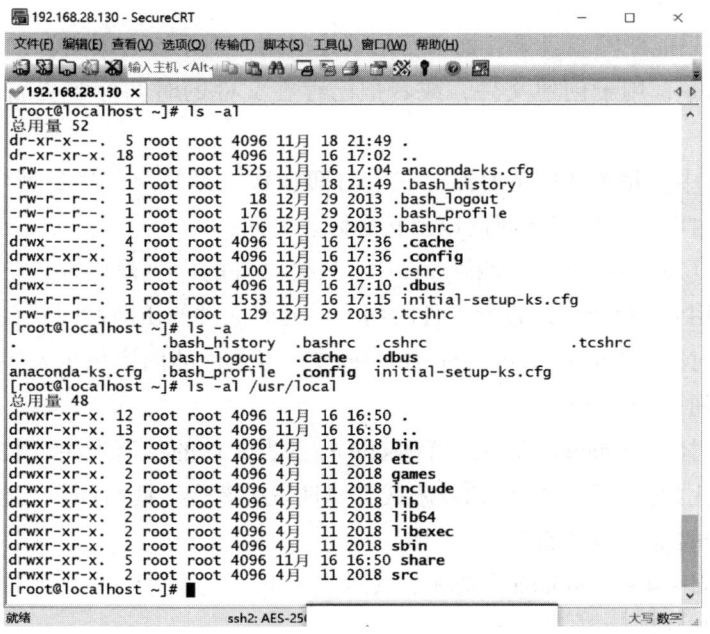

图 9 - 5　ls 命令

• mkdir 命令，用于创建新目录，此命令所有用户都可以使用。

mkdir 命令的基本格式为：

［root@ localhost ~］#mkdir ［－mp］目录名

选项：

－m 选项用于手动配置所创建目录的权限，此时不再使用默认权限。

－p 选项递归创建所有目录，例如创建/home/test/demo，在默认情况下，如果需要一层一层的创建各个目录，可使用－p 选项，则系统会自动帮你创建/home、/home/test 以及/home/test/demo。

如图 9－6 所示，执行 mkdir abc，会建立 abc 目录。

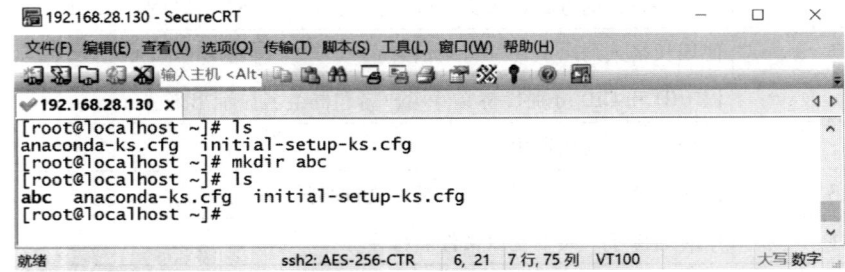

图 9－6 mkdir 命令

和 mkdir 命令恰好相反，命令 rmdir 用于删除空目录，此命令的基本格式为：

［root@ localhost ~］#rmdir ［－p］目录名

－p 选项用于递归删除空目录。

rmdir 命令只能删除空目录，如果目录不是空的，则系统会报错，目录无法被删除。

• touch 命令，用于创建文件，或者把已存在文件的时间标签更新为系统当前的时间。

Linux 系统中，每个文件主要拥有三个时间参数（通过 stat 命令进行查看），分别是文件的访问时间、数据修改时间以及状态修改时间：

访问时间（Access Time，简称 atime）：只要文件的内容被读取，访问时间就会更新。例如，使用 cat 命令可以查看文件的内容，此时文件的访问时间就会发生改变。

数据修改时间（Modify Time，简称 mtime）：当文件的内容数据发生改变，此文件的数据修改时间就会随之改变。

状态修改时间（Change Time，简称 ctime）：当文件的状态发生变化，就会相应改变这个时间。比如说，如果文件的权限或者属性发生改变，此时间就会相应改变。

touch 命令的基本格式如下：

［root@ localhost ~］#touch ［选项］文件名

各选项及其功能如下：

－a：只修改文件的访问时间。

-m：只修改文件的数据修改时间。

-c：如果文件不存在，则不建立新文件。

-d：同时修改文件的atime和mtime时间，后面可以跟要修订的时间，而不用目前的时间，日期为字符串格式。

-t：后面可以跟要修订的时间，而不用目前的时间，时间书写格式为YYMMDDh-hmm。

如图9-7所示，执行touch test. txt，建立test. txt文件，执行"touch-d" 2020-11-23 12：0" test. txt"，把atime和mtime都更改为"2020-11-23 12：00"。

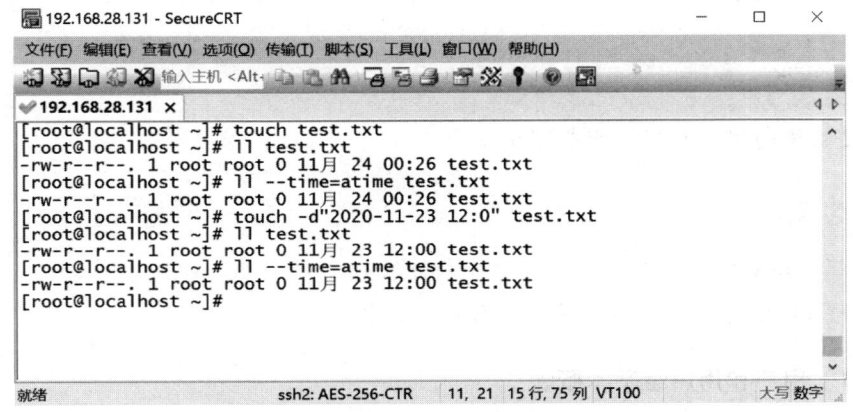

图9-7　touch命令

● rm命令，用于永久性地删除文件系统中指定的文件或目录。rm命令删除文件或目录时，系统不会产生任何提示信息，命令的基本格式为：

［root@ localhost ~］#rm［选项］文件或目录

各选项及其功能如下：

-f：强制删除（force），系统将不再询问，而是直接删除目标文件或目录。

-i：和-f正好相反，在删除文件或目录之前，系统会给出提示信息，使用-i可以有效防止不小心删除有用的文件或目录。

-r：递归删除，主要用于删除目录，可删除指定目录及其包含的所有内容，包括所有的子目录和文件。

注意，rm命令会永久性地删除文件或目录，如果没有对文件或目录进行备份，一旦使用rm命令将其删除，将无法恢复，因此，尤其在使用rm命令删除目录时，要十分谨慎。

● mv命令，用于在不同的目录之间移动文件或目录，也可以对文件和目录进行重命名。该命令的基本格式如下：

［root@ localhost ~］#mv［选项］源文件目标文件

各选项及其功能如下：

-f：强制覆盖，如果目标文件已经存在，则不询问，直接强制覆盖；

-i：交互移动，如果目标文件已经存在，则询问用户是否覆盖（默认选项）；

-n：如果目标文件已经存在，则不会覆盖移动，而且不询问用户；

-v：显示文件或目录的移动过程；

-u：若目标文件已经存在，但两者相比，源文件更新，则会对目标文件进行升级。

任务9-2　认识 Linux 系统用户和用户组管理

任务描述

Linux 系统的用户和用户组管理设置

学习目标

- 认识 Linux 系统用户和用户组的基本概念
- 掌握 Linux 系统用户和用户组管理的常用指令

9.2.1　用户和用户组基本概念

Linux 是多用户多任务操作系统，支持多个用户在同一时间内登陆，不同用户可以执行不同的任务，并且用户彼此之间互不影响。例如，某台 Linux 服务器上有四个用户，分别是 root、www、ftp 和 mysql，在同一时间内，root 用户可能在查看系统日志、管理维护系统，www 用户可能在修改自己的网页程序，ftp 用户可能在上传软件到服务器，mysql 用户可能在执行自己的 SQL 查询，每个用户互不干扰，有条不紊地进行着自己的工作。与此同时，每个用户之间不能越权访问，比如 www 用户不能执行 mysql 用户的 SQL 查询操作，ftp 用户也不能修改 www 用户的网页程序。不同用户具有不问的权限，每个用户在权限允许的范围内完成不同的任务，Linux 正是通过这种权限的划分与管理，实现了多用户多任务的运行。

因此，如果要使用 Linux 系统的资源，就必须向系统管理员申请一个账户，然后通过这个账户进入系统。通过建立不同属性的用户，一方面可以合理地利用和控制系统资源，另一方面也可以帮助用户组织文件，提供对用户文件的安全性保护。每个用户都有唯一的用户名和密码。在登录系统时，只有正确输入用户名和密码，才能进入系统和自己的主目录。

用户组是具有相同特征用户的逻辑集合。用户组具有相同的查看、修改文件的权限，将所有需要访问此文件的用户放入用户组中。那么，所有用户就具有了和组一样的权限，这就是用户组。因此，Linux 系统中，每个用户的 ID 细分为两种，分别是用户ID（User ID，简称 UID）和组 ID（Group ID，简称 GID），每个文件都有拥有者和拥有群相对应的两种属性，每个文件的 UID 和 GID 分别存在/etc/passwd 和/etc/group 文件中。

9.2.2　掌握用户和用户组管理基本命令

- useradd 命令，用于新建用户，此命令的基本格式如下：

［root@ localhost ~］#useradd［选项］用户名

各选项具体内容如下：

－u UID：手工指定用户的 UID，注意 UID 的范围不要小于1000；

－d 主目录：手工指定用户的主目录。主目录必须写绝对路径，而且要注意权限；

－g 组名：手工指定用户的初始组。一般以和用户名相同的组作为用户的初始组，在创建用户时会默认建立初始组。一旦手动指定，则系统将不会再创建此默认的初始组目录；

－G 组名：指定用户的附加组。我们把用户加入其他组时，一般都使用附加组；

－s shell：手工指定用户的登录 Shell，默认是/bin/bash；

－e 日期：指定用户的失效日期，格式为"YYYY－MM－DD"。

如图9－8所示，在执行 useradd Tim 之后，创建了 Tim 用户，执行 grep "Tim"/etc/passwd（将/etc/passwd，有出现 Tim 的行取出来显示）之后，看到用户的 UID 是从 1000 开始计算的，该例子中 Tim 用户的 UID 为 1003。同时默认指定了用户的家目录为/home/Tim/，用户的登录 Shell 为/bin/bash。

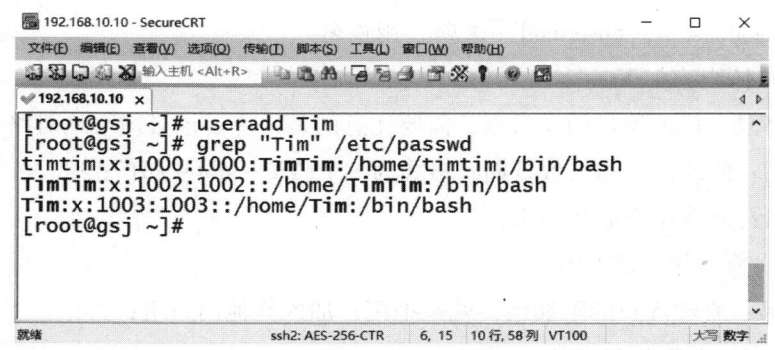

图9－8　useradd 命令

- passwd 命令，用于设置用户密码，此命令的基本格式如下：

［root@ localhost ~］#passwd［选项］用户名

各选项具体内容如下：

－S：查询用户密码的状态，也就是/etc/shadow 文件中此用户密码的内容。仅 root 用户可用；

–l：暂时锁定用户，该选项会在/etc/shadow 文件中指定用户的加密密码串前添加"！"，使密码失效。仅 root 用户可用；

–u：解锁用户，和 –l 选项相对应，也是只能 root 用户使用；

–n：天数：设置该用户修改密码后，多长时间不能再次修改密码；

–x 天数：设置该用户的密码有效期；

–w 天数：设置用户密码过期前的警告天数；

–i 日期：设置用户密码失效日期。

如图 9 – 9 所示，执行 passwd，会更改当前用户的密码，需要输入两次密码进行确认，执行 passwd Tim，可以更改 Tim 用户的密码。

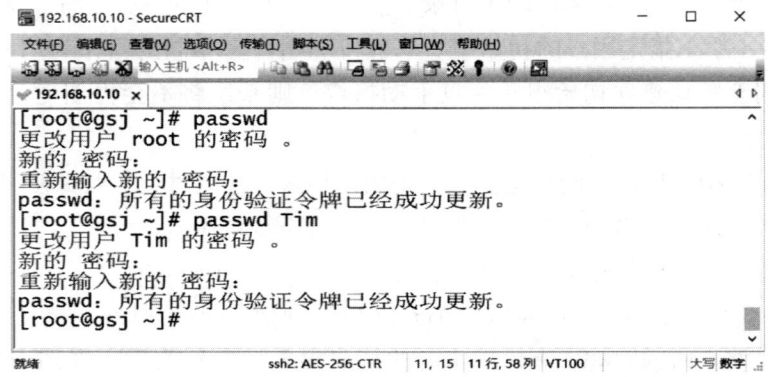

图 9 – 9　passwd 命令

● usermod 命令，用于设置用户密码，命令的基本格式如下：

［root@ localhost ~ ］#usermod ［选项］用户名

各选项具体内容如下：

–d 主目录：修改用户的主目录，需要注意的是，主目录必须写绝对路径；

–e 日期：修改用户的失效日期，格式为"YYYY – MM – DD"；

–g 组名：修改用户的初始组；

–uUID：修改用户的 UID；

–G 组名：修改用户的附加组，就是把用户加入其他用户组；

–l 用户名：修改用户名称；

–L：临时锁定用户（Lock）；

–U：解锁用户（Unlock），和 –L 对应；

–s shell：修改用户的登录 Shell，默认是/bin/bash。

● id 命令，用于查询用户的 UID、GID 和附加组的信息，格式如下：

［root@ localhost ~ ］#id 用户名

如图 9 – 10 所示，执行"useradd TimTim"新建了用户 TimTim，然后执行"passwd

TimTim"更改密码，密码不能小于八位，太过简单要输入两次才能成功。执行"user-mod – G root TimTim"把 TimTim 加入 root 组。

图 9 – 10　创建用户等命令

su 命令，用于切换身份，包括从普通用户切换为 root 用户或从 root 用户切换为普通用户，以及普通用户之间的切换，命令的基本格式如下：

［root@ localhost ~ ］#su ［选项］用户名

各选项具体内容如下：

– ：当前用户不仅切换为指定用户的身份，同时所用的工作环境也切换为此用户的环境（包括 PATH 变量、MAIL 变量等），使用 – 选项可省略用户名，默认会切换为 root 用户。

– p：表示切换为指定用户的身份，但不改变当前的工作环境（不使用切换用户的配置文件）。

– c：仅切换用户执行一次命令，执行后自动切换回来，该选项后通常会带有要执行的命令。

要注意，使用 su 命令时，有 – 和没有 – 是完全不同的， – 选项表示在切换用户身份的同时，连当前使用的环境变量也切换成指定用户的。我们知道，环境变量是用来定义操作系统环境的，因此如果系统环境没有随用户身份切换，很多命令无法正确执行。举个例子，普通用户 Tim 通过 su 命令切换成 root 用户，但没有使用 – 选项，这种情况下，虽然看似是 root 用户，但系统中的 $PATH 环境变量依然是 Tim 的（而不是 root 的），因此当前工作环境中，并不包含/sbin、/usr/sbin 等超级用户命令的保存路径，这就导致很多管理员命令根本无法使用。不仅如此，当 root 用户接收邮件时，会发现收到的是 Tim 用户的邮件，因为环境变量 $MAIL 没有切换。

● groupadd 命令，用于添加用户组，命令的基本格式如下：

［root@ localhost ~］#groupadd ［选项］组名

各选项具体内容如下：

– g GID：指定组 ID；

– r：创建系统群组。

同理，groupmod 命令用于修改用户组的相关信息，groupdel 命令用于删除用户组（群组）。

为了避免系统管理员（root）太忙碌，以致无法及时管理群组，我们可以使用 gpasswd 命令和 newgrp 命令。

● gpasswd 命令，用于为群组设置一个群组管理员，代替 root 完成将用户加入或移出群组的操作，命令的基本格式如下：

［root@ localhost ~］#gpasswd 选项组名

● newgrp 命令，用于将用户的附加组中选择一个群组，作为用户新的初始组，命令的基本格式如下：

［root@ localhost ~］#newgrp 组名

任务9 – 3　认识 Linux 权限管理

任务描述

Linux 系统目录权限设置

学习目标

● 认识 Linux 系统权限管理的基本概念
● 掌握 Linux 系统目录权限设置的常用指令

9.3.1　理解 Linux 权限管理的概念

所谓权限管理，其实就是指对不同的用户，设置不同的文件访问权限，包括对文件的读、写、删除等，在 Linux 系统中，每个用户都具有不同的权限，拿非 root 用户来说，他们只能在自己的主目录下才具有写权限，而在主目录之外，只具有访问和读权限。Linux 系统经常用代服务器操作系统，因此不是所有的用户都使用 root 身份登录，而要根据不同的工作需要和职位需要，合理分配用户等级和权限等级。

通过执行 "ls – al" 可以查看文件或目录的权限信息，如图9 – 11 所示，每个文件最前面的 "rwx" 代表了文件或目录的读写权限。

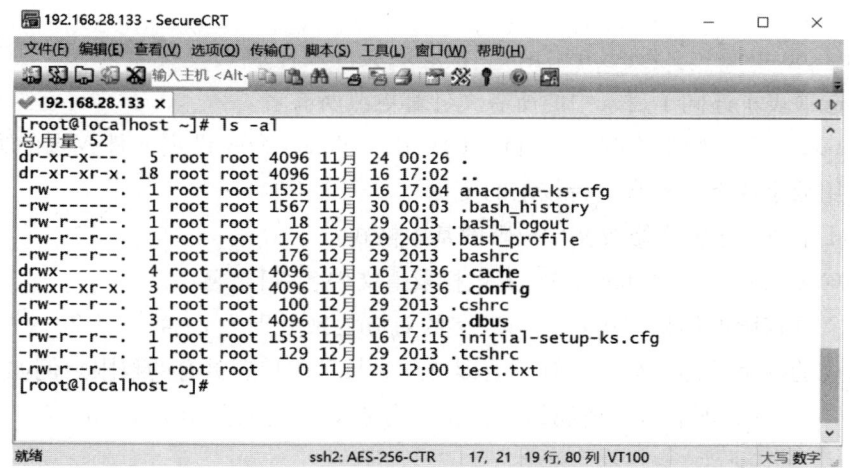

图 9 – 11　文件或目录权限

"rwx" 具体意义为：

r 表示对于该用户可读，对于文件来说是允许用户读取内容，对于目录来说是允许用户读取其中的文件；

w 表示对于该用户可写，对于文件来说是允许用户修改其内容，对于目录来说用户可以写信息到目录中，即可以创建、删除文件、移动文件等操作。

x 表示对于该用户可执行，对于文件来说就是用户可以执行该文件，对于目录来说则是用户可以进入目录、可以搜索（能用该目录名称作为路径名去访问它所包含的文件和子目录）。

– 代表没有任务权限。

如图 9 – 12 所示，Linux 系统中，文件的基本权限由 9 个字符组成，前三位代表文件所有的权限，中间三位表示文件所属组的权限，最后三位表示其他用户权限。

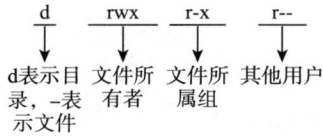

图 9 – 12　权限代码意义

9.3.2　掌握权限管理相关命令

• chgrp 命令，用于修改文件（或目录）的所属组，其基本格式为：

［root@ localhost ~］ #chgrp ［ – R］ 所属组文件名/目录名

选项 – R 常作用于更改目录的所属组，表示更改连同子目录中所有文件的所属组信息。

• chown 命令，用于修改文件/目录的所有者，也可以修改文件/目录的所属组，命令的基本格式：

［root@ localhost ~ ］#chown ［ – R］所有者文件或目录

– R 选项表示连同子目录中的所有文件都更改所有者。

●chmod 命令，用于修改文件/目录的权限，chmod 命令设定文件权限的方式有两种，即使用数字或者符号来进行权限的变更。

chmod 命令使用数字修改文件权限的基本格式：

［root@ localhost ~ ］#chmod ［ – R］权限值文件名/目录名

对于文件权限的标识"rwx"，与数字的对应关系分别为 r – 4，w – 2，x – 1，将三个权限对应的数字累加，最终得到的值即可作为每种用户所具有的权限。例如：

rwxr – xr – – ，所有者、所属组和其他人分别对应的权限值为 7、5、4，具体内容如下：

所有者：rwx 对应 4 + 2 + 1 = 7

所属组：r – x 对应 4 + 1 = 5

其他人：r – – 对应 4

chmod 命令使用字母修改文件权限的基本格式：

［root@ localhost ~ ］#chmod ［ – R］［u/g/o/a］［ + – = ］［rwx］文件名/目录名

chmod 命令中分别用 u、g、o 代表三种身份，用 a 表示全部的身份。另外，chmod 命令仍分别使用 r、w、x 表示读、写、执行权限，分别用 + 、 – 、 = 表示增加、删除和设置。

如图 9 – 13 所示，执行"chmod 777. bashrc"把 . bashrc 文件的权限更改为三个角色都是可读、可写、可执行，再通过"chmod u = rwx，go = rx. bashrc"把 . bashrc 文件的所属组和其他用户的权限改为可读、可执行，再执行"chmod a + w. bashrc"把该文件的所有角色权限都加上可写。

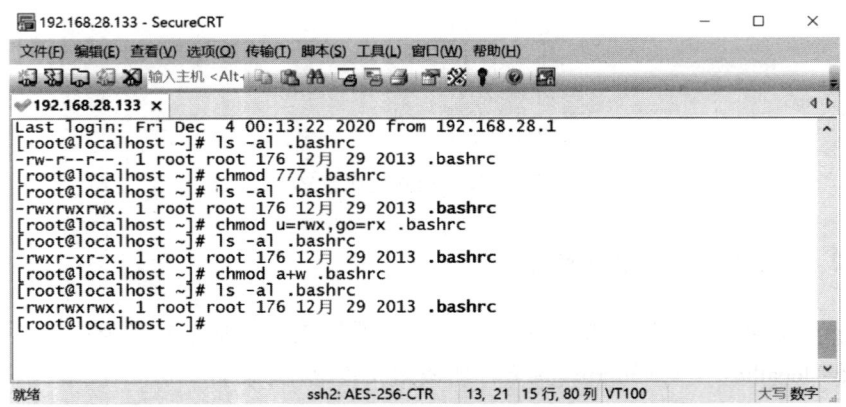

图 9 – 13 权限管理命令

网络的组建和管理

网络的配置是 Linux 主机进入网络的最基本配置，也是系统管理员进行网络管理的基础。在 Linux 系统中，网络的所有参数和配置都是以配置文件的形式存在，了解了这些配置文件的位置和设置方法，就可以直接通过改写这些配置文件来设置网络，发布不同的网络应用。

任务 10 – 1　设置网络参数

任务描述

配置一台服务器（CentOS 7.0），静态固定 IP 地址为 192. 168. 10. 10，子网掩码为 255. 255. 255. 0，默认网关为 192. 168. 10. 1，主机名设置为 gsj. xxgl。

学习目标

- 了解 Linux 系统网络参数的意义
- 掌握 Linux 系统网络的设置
- 掌握 Linux 系统网络设置的查看

10. 1. 1　网卡参数设置

Linux 系统的网络参数反映了系统的网络设置，/etc/sysconfig/network – scripts/ifcfg – ens33 记录了 CentOS 的网卡参数配置，通过 vi 命令进入该文件，可以查看，更改网络参数配置，如图 10 – 1 所示。

各个参数的作用为：

- BOOTPROTO：设置 IP 地址获取方法，static 为静态固定 IP，dhcp 为动态获取 IP 地址；
- NAME：网卡设备名称，要跟文件名一致；
- DEVICE：设备名称；

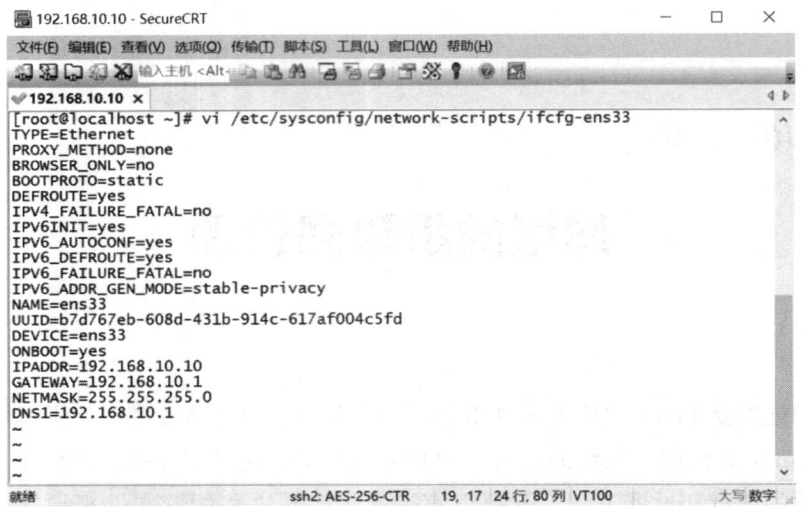

图 10 - 1　网络参数配置

- ONBOOT：设置网卡随网络服务启动；
- IPDAAR：设备 IP 地址，在 BOOTPROTO 为 static 时要设置；
- GATEWAY：网关；
- NETMASK：子网掩码；
- DNS1：DNS 服务器地址，这里设置与网关一致。

通过"systemctl resystart network. service"指令重启网卡，设置才会生效。

注意，由于使用 vmware 的 NAT 模式进行网络连接，要设置虚拟网络 VMnet8 才能正常连接网络，设置如图 10 - 2 至 10 - 5 所示。

图 10 - 2　设置虚拟网络 1

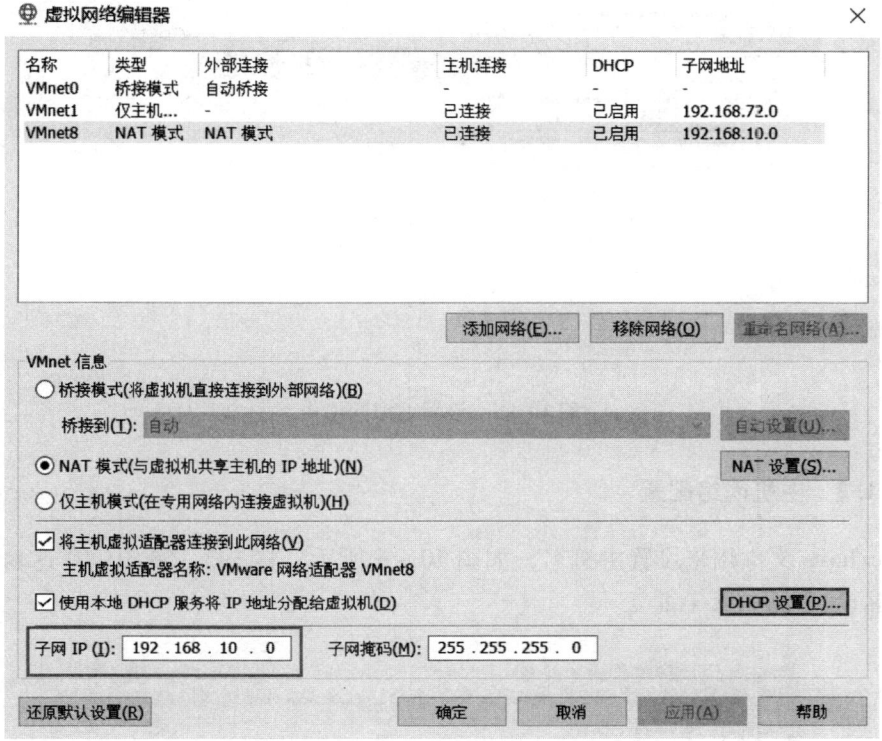

图 10 – 3　设置虚拟网络 2

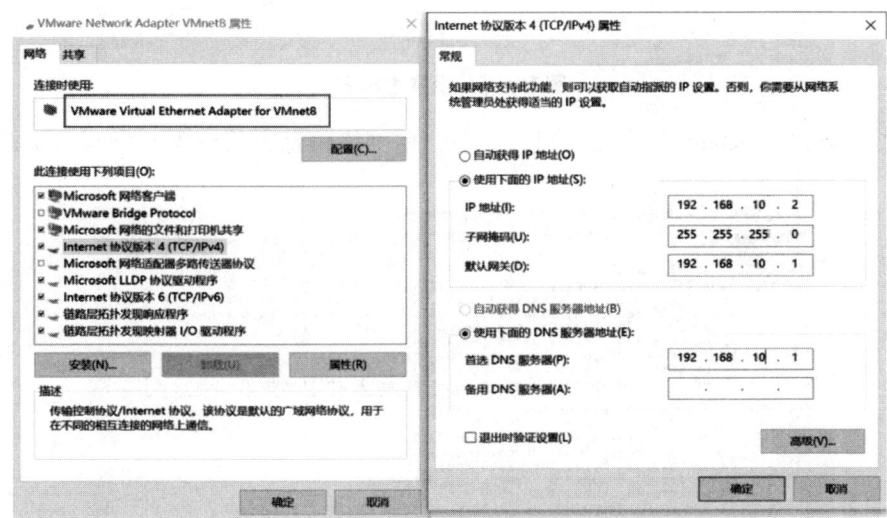

图 10 – 4　设置虚拟网络 3

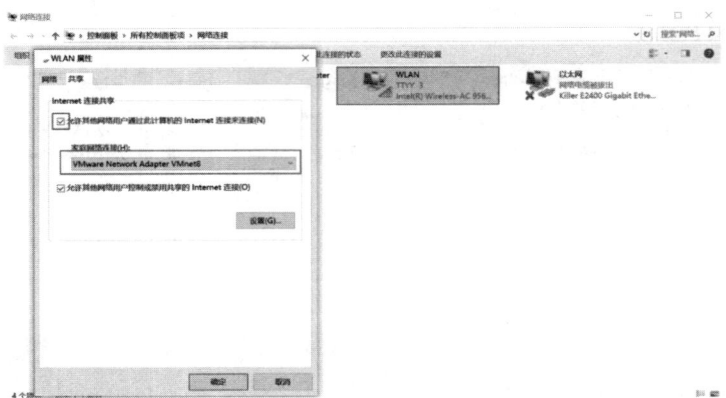

图 10-5 设置虚拟网络 4

10.1.2 主机网络配置

/etc/hosts 文件用来设置主机名,如图 10-6 所示。将 192.168.10.10 这台服务器的主机名设置为 "gsj. xxgl"。

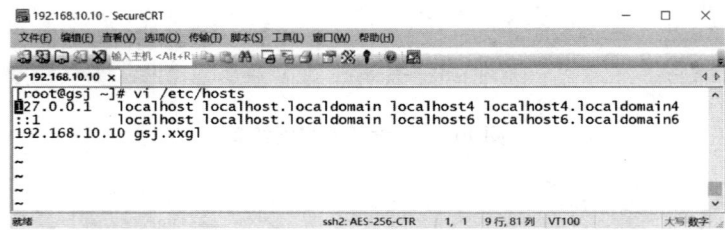

图 10-6 设置主机名

另外,通过 "ifconfig" 命令,可以查看当前网络信息,其格式如图 10-7 所示。

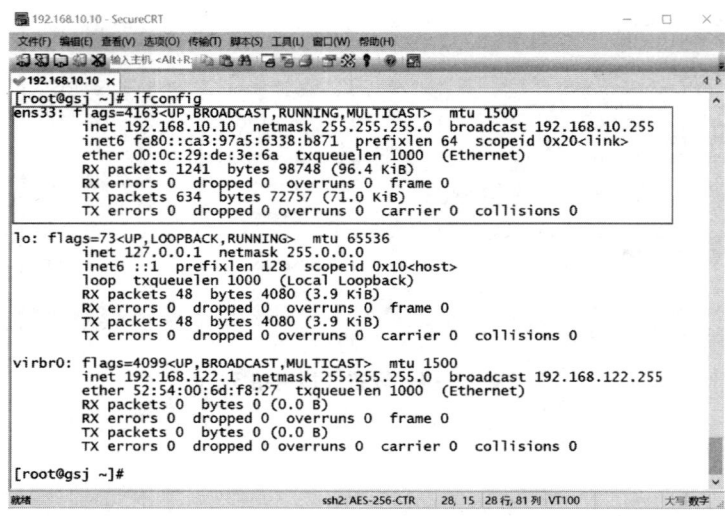

图 10-7 网络配置信息

任务 10 – 2　配置 DHCP 服务器

任务描述

配置一台 DHCP 服务器（CentOS 7.0），IP 地址为 192.168.10.10，子网掩码为 255.255.255.0，默认网关为 192.168.10.1，要求该 DHCP 服务器能提供的 IP 地址范围为 192.168.10.30 ~ 192.168.10.60，默认地址租期为 24 小时（86400），最大地址租期为 7 * 24 小时（604800）。

学习目标

- 了解动态主机配置协议（DHCP）的概念及作用
- 掌握 DHCP 服务器的安装及配置
- 掌握 DHCP 服务器的启动及测试

10.2.1　DHCP 服务器的工作原理

DHCP（Dynamic Host Configuration Protocol，动态主机配置协议）通常被应用于局域网环境中，主要作用是集中管理、分配 IP 地址，使网络环境中的主机动态的获得 IP 地址、Gateway 地址、DNS 服务器地址等信息，从而提升 IP 地址的使用率。如图 10 – 8 所示，整个网络中至少要有一台服务器配置了 DHCP 服务，其他要使用 DHCP 服务的客户机必须设置为利用 DHCP 服务获得 IP 地址。

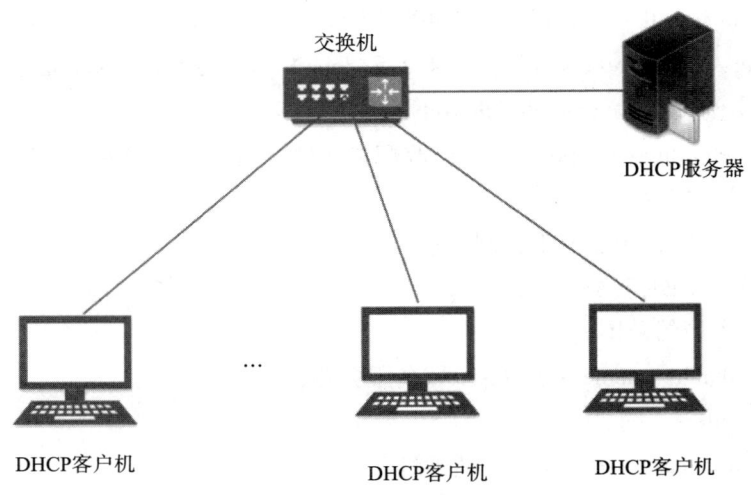

图 10 – 8　DHCP 服务结构

DHCP 服务采用基于客户机/服务器的工作模式，DHCP 客户机与 DHCP 服务器之间相互通信以获得 IP 地址租约，DHCP 地址分配过程分为四个阶段：

（1）DHCP 客户机发送广播消息 DHCP DISCOVER 以寻找 DHCP 服务器。

（2）DHCP 服务器发送广播 DHCP OFFER 以响应 DHCP 客户机的请求。

（3）DHCP 客户机会检查得到的 IP 信息是否完整并且发送广播信息 DHCP RE-QUEST 以通知 DHCP 服务器已获得 IP 地址。

（4）DHCP 服务器发送广播消息 DHCP ACK 以确认客户机的请求，表示分配成功。

10.2.2　DHCP 服务器的配置

DHCP 服务器的安装和启动。

通过以下命令，检测是否安装了 DHCP 服务器软件：

［root@ localhost ~ ］#rpm – qa | grep dhcp

如图 10 – 9 所示，显示了 DHCP 软件的状态，如果没有 DHCP 项，则意味着 DHCP 服务器软件还没安装好。

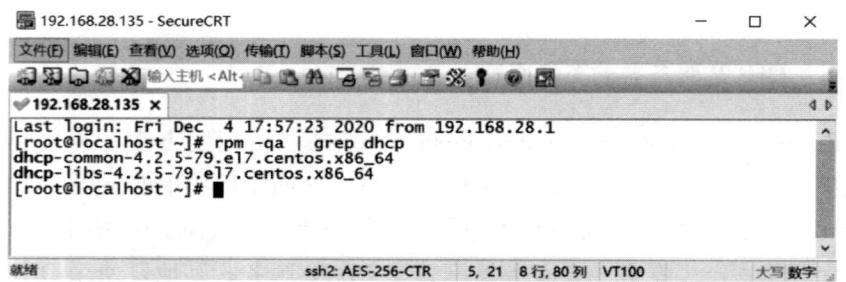

图 10 – 9　DHCP 安装情况

执行"yum install – y dhcp"可以进行安装。

执行"cp/usr/share/doc/dhcp – 4.2.5/dhcpd. conf. example/etc/dhcp/dhcpd. conf"将 dhcp 配置实例文本拷贝到/etc/dhcp 下。

执行"vi/etc/dhcp/dhcpd. conf"修改配置文件，主要修改第 47 – 55 行的内容。文件中的有关参数如下：

- subnet：子网，用点分十进制表示；
- netmask：子网掩码；
- range：子网的范围；
- option domain – name – servers：域名服务器；
- option routers：网关；
- option broadcast – address：广播地址；
- default – lease – time 600：默认租期时间，单位秒，就是 5 分钟；
- max – lease – time 7200：最大租期时间，就是 60 分钟。

图 10 – 10 所示为各参数的数值：

修改之后的网段为：192. 168. 10. x；

子网掩码为：255. 255. 255. 0；

IP 地址的分配范围为：192. 168. 10. 30 – 192. 168. 10. 60；

DNS 服务器地址为：192. 168. 10. 2；

默认网关为：192. 168. 10. 1；

广播地址为：192. 168. 10. 255；

默认租期时间：86400 秒；

最大租期时间：604800 秒。

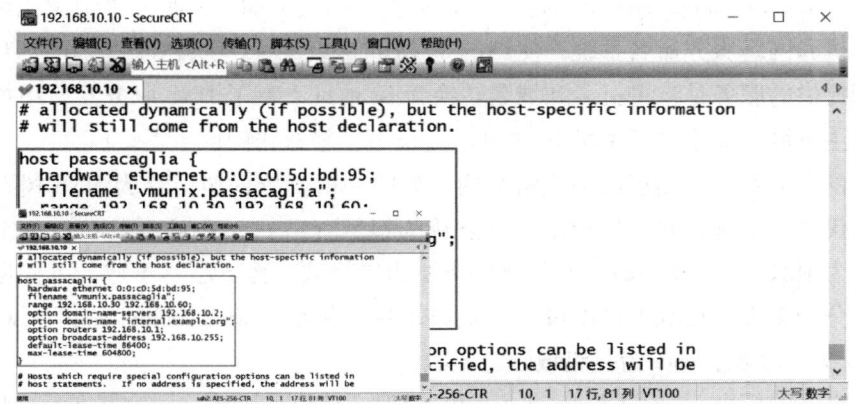

图 10 – 10　DHCP 配置

之后启动服务：

执行"systemctl start dhcpd. service"，启动 dhcp，若服务正常启动，就会出现图中的"Redirecting to/bin/systemctl start dhcpd. service"，此时 DHCP 服务器已经在运作，可以给设备分配 IP 地址了。

开机自启 DHCP 服务：

执行"systemctl enable dhcpd. service"，会出现"ln – s......"的字符。至此 DH-CP 服务器已搭建完成。

任务 10 – 3　配置 DNS 服务器

🖊️ 任务描述

配置一台 DNS 服务器（CentOS 7.0），IP 地址为 192. 168. 10. 10，子网掩码为 255. 255. 255. 0，默认网关为 192. 168. 10. 1，要求该 DNS 服务器能解析域名 dns. xxgl. cn，对应的 IP 地址为 192. 168. 10. 10，www. xxgl. cn 对应的 IP 地址 192. 168. 10. 11，ftp. xxgl. cn，对应的 IP 地址为 192. 168. 10. 12，ftp. xxgl. cn 别名 server. xxgl. cn，测试的

客户端为 CentOS 主机，IP 地址为 192.168.10.20，DNS 服务地址为 192.168.10.10。

📝 学习目标 ⌐

- 了解域名系统（DNS）的概念
- 掌握 DNS 服务器的安装及配置
- 掌握 DNS 服务器的启动及测试

10.3.1 DNS 的概念及应用

DNS（Domain Name System）是"域名系统"的英文缩写，是一种组织成域层次结构的计算机和网络服务命名系统，使用的是 UDP 协议的 53 号端口，它用于 TCP/IP 网络，它所提供的服务是将主机名和域名转换为 IP 地址。有了 DNS 服务器，用户就可以在只知道主机域名而不知道主机 IP 地址的情况下，轻松访问服务器。

DNS 的命名系统采用层次型逻辑结构，如同一棵倒置的树，称为 DNS 树。树中的每个节点代表一个域，其中最顶层的节点称为根域（root），根域有且只有一个。根域的下一层为顶级域（一级域），顶级域的下层为二级域，再下层是子域，可根据需要进行规划，分为多级，在域中可以包含主机或子域。例如"www.baidu.com"，www 为子域，baidu 为二级域，com 为一级域。

域名空间的根由 Internet Network Center 管理，它分类属域、国家域和反向域。

（1）类属域按照类属行为定义注册的主机。起初只有七种类属域，分别是 com（商业机构）、edu（教育机构）、gov（政府机构）、int（国际组织）、mil（军事组织）、net（网络支持组织）和 org（非赢利组织）。

（2）国家域部分与类属域格式一样，但使用二字符的国家缩写（例如 cn 代表中国大陆地区）而不是三字符的组织缩写，常用的国家域有：cn（中国大陆）、us（美国）、jp（日本）、uk（英国）等。

（3）反向域用来将一个 IP 地址映射为域名。这类查询叫做反向解析或指针（PTR）查询。要处理指针查询，在域名空间中要增加反向域 i，且级节点为 arpa，第二级也是一个单独节点，叫做"in_addr"（表示反向地址），域的其他部分定义 IP 地址。

对于二级域及子域，由 Internet 域名注册授权机构授权给 Internet 的各种组织。当某个组织获得域名空间的某部分授权后，将负责命名所分配的域及子域，并对所分配域中主机和 IP 地址的映射信息进行管理。如果企业想获得 Internet 域名，就必须向相应有授权资格的组织申请，选择并注册二级域名（或其子域），并以该域名作为企业的父域名，然后将父域名与公司的命名组织起来，形成子域名或主机域名。如果仅在企业网内部进行域名解析，那么域名的命名与 Internet 无关，可自己设置。

DNS 服务器根据作用不同，可以分为不同的类型：

●主域名服务器

主域名服务器负责维护一个区域的所有域名信息，是特定的所有信息的权威信息源，数据可以修改。

●辅助域名服务器

当主域名服务器出现故障、关闭或负载过重时，辅助域名服务器作为主域名服务器的备份提供域名解析服务。辅助域名服务器中的区域文件中的数据是从另外的一台主域名服务器中复制过来的，是不可以修改的。

●缓存域名服务器

从某个远程服务器取得每次域名服务器的查询回答，一旦取得一个答案就将它放在高速缓存中，以后查询相同的信息就用高速缓存中的数据回答，缓存域名服务器不是权威的域名服务器，因为它提供的信息都是间接信息。

●转发域名服务器

转发域名服务器负责所有非本地域名的本地查询。转发域名服务器接到查询请求后，在其缓存中查找，如找不到就将请求依次转发到指定的域名服务器，直到查找到结果为止，否则返回无法映射的结果。

10.3.2　DNS 服务的安装与配置

Linux 系统搭建、配置 DNS 服务要安装 BIND 服务软件。执行命令"rpm – qa | grep bind"查看 bind 是否安装。如果没有安装，则通过命令"yum install bind"进行安装，如图 10 – 11 所示。

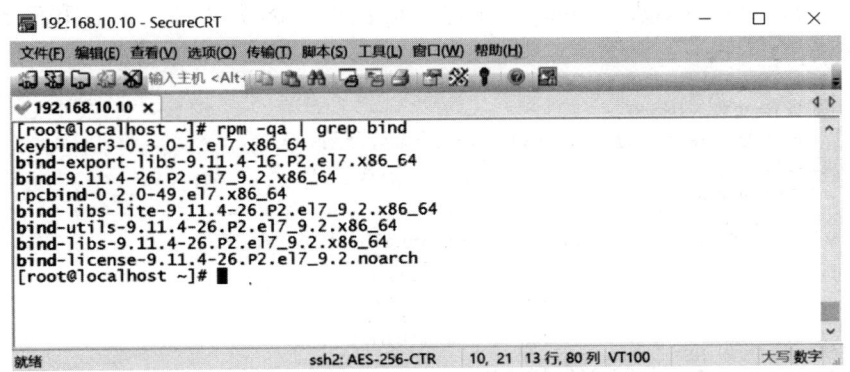

图 10 – 11　BIND 服务安装情况

打开配置文件/etc/named. conf，增加正向解析区 zone "xxgl. cn"和反向解析区 zone "1. 168. 192. in – addr. arpa" IN，内容和解释如下图 10 – 12 所示：

复制正向解析的模板文件/var/named/named. localhost 到/var/named 目录下，命名为 xxgl. cn. zone；

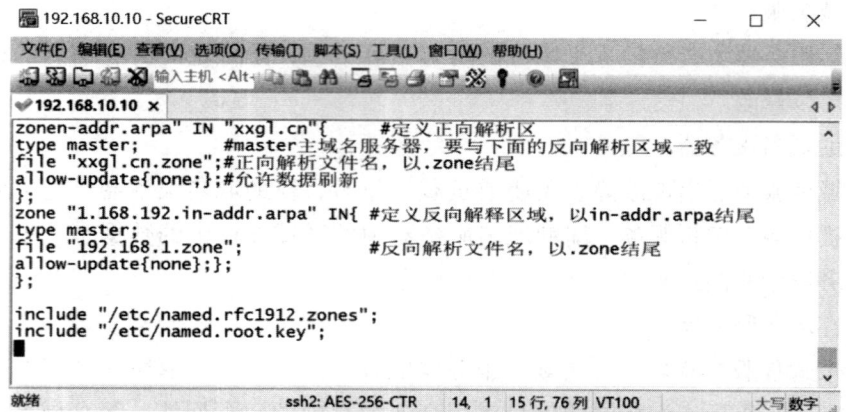

图 10 – 12　DNS 配置文件/etc/named. conf

复制反向解析的模板文件/var/named/named. local 到/var/named 目录下，命名为 192. 168. 1. zone，如图 10 – 13 所示。

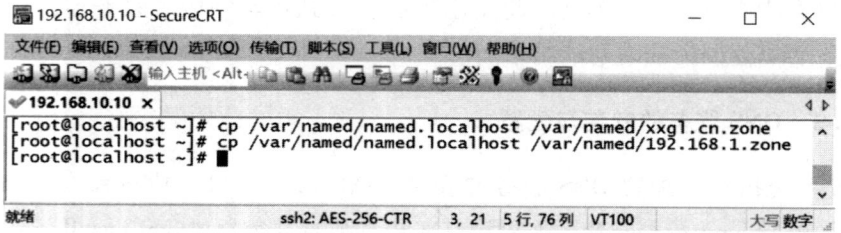

图 10 – 13　复制正、反向解析的模板文件

打开"var/named/xxgl. cn. zone"文件，配置正向解析文件，内容和解释如下图 10 – 14 所示：

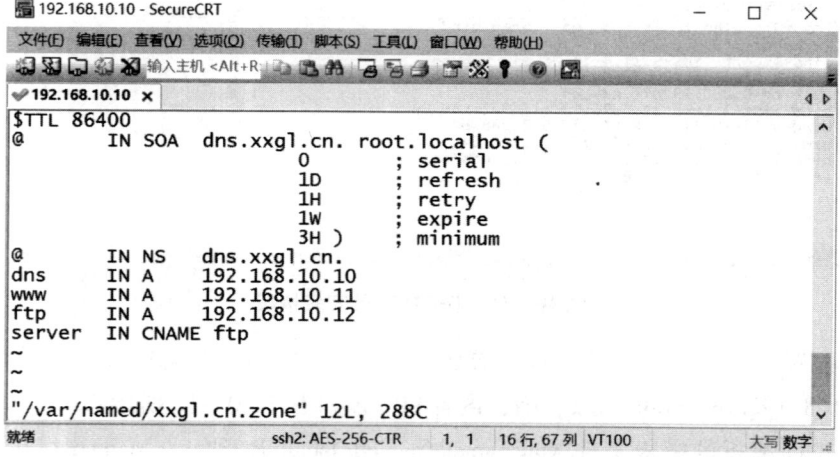

图 10 – 14　配置正向解析文件

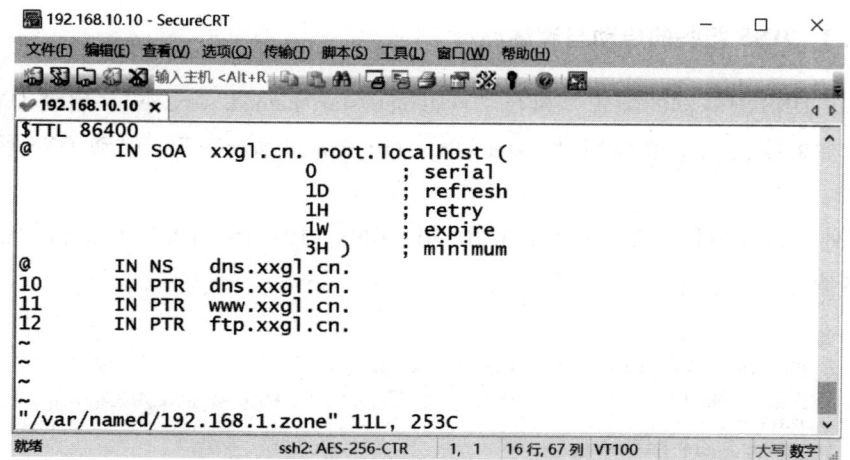

图 10 - 15　配置反向解析文件

　　正向和反向配置文件中的起始授权机构（SOA）标签允许你配置此 DNS 区域的 SOA 记录。当 DNS 服务器加载 DNS 区域时，它首先通过 SOA 记录来决定此 DNS 区域的基本信息和主服务器，"属性"如下：

　　主服务器：主服务器包含了此 DNS 区域的主 DNS 服务器，此名字必须使用"."结尾，例如设置中的 dns. xxgl. cn. ；

　　负责人：指定了管理此 DNS 区域的负责人的邮箱，例如设置中的 root. localhost；

　　序列号（serial）：定义版本号，同步一次加 1；

　　刷新间隔（refresh）：定义了辅助 DNS 服务器查询主服务器以进行区域更新前等待的时间；

　　重试时间（retry）：定义更新失败重试时间；

　　失效时间（expire）：定义更新失败后 DNS 失效时间；

　　不予回复时间（minimum）：定义解析得不到请求不予回复的时间。

　　正向解析文件中：

@	IN	NS	dns. xxgl. cn	表示 dns. xxgl. cn 为 DNS 服务器，
dns	IN	A	192. 168. 10. 10	表示 dns. xxgl. cn 与 192. 168. 10. 10 对应
www	IN	A	192. 168. 10. 11	表示 www. xxgl. cn 与 192. 168. 10. 11 对应
ftp	IN	A	192. 168. 10. 12	表示 ftp. xxgl. cn 与 192. 168. 10. 12 对应
server	IN	CNAME	ftp	表示 server 是 ftp 的别名

　　反向解析文件中：

@	IN	NS	dns. xxgl. cn	表示 dns. xxgl. cn 为 DNS 服务器，
10	IN	PTR	dns. xxgl. cn	表示 dns. xxgl. cn 与 192. 168. 10. 10 对应
11	IN	PTR	www. xxgl. cn	表示 www. xxgl. cn 与 192. 168. 10. 11 对应
12	IN	PTR	ftp. xxgl. cn	表示 ftp. xxgl. cn 与 192. 168. 10. 12 对应

10.3.3 DNS 服务的启动与测试

完成了 DNS 服务器的配置，执行"systemctl start named. service"，启动 DNS 服务。如果配置有更换，切记要执行"systemctl restart named. service"，启动 DNS 服务才能生效。

在另外一台客户机（IP：192. 168. 10. 20，DNS：192. 168. 10. 10）运行"nslookup"查看 DNS 服务结果，如图 10 – 16 所示。

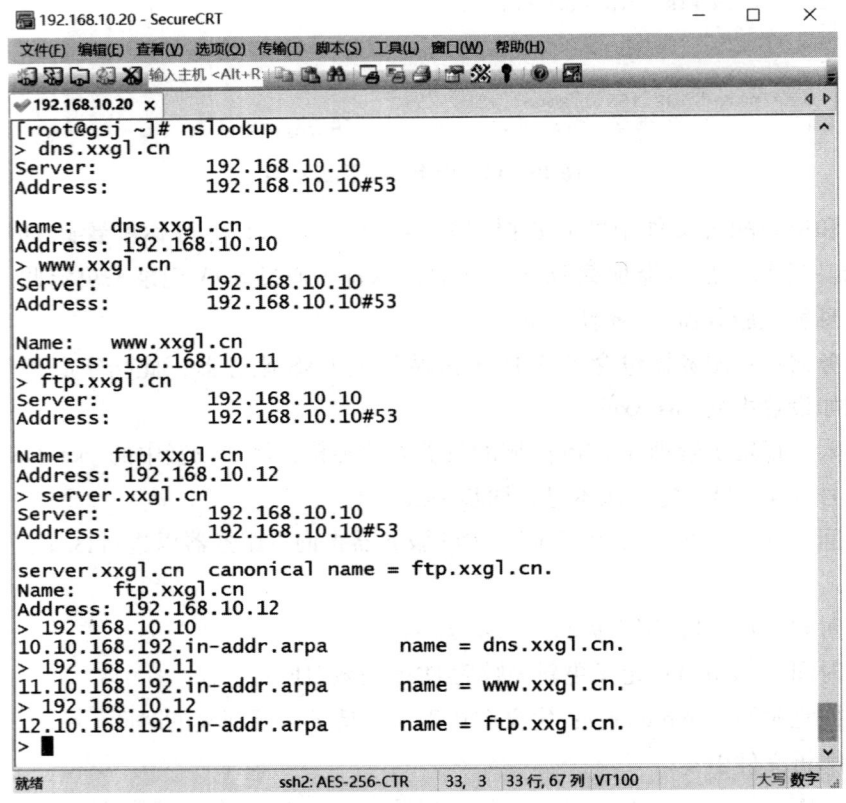

图 10 – 16　DNS 客户端测试结果

任务 10 – 4　Apache 服务器

📝 任务描述

配置一台 Apache 服务器（CentOS 7.0），IP 地址为 192. 168. 10. 10，子网掩码为 255. 255. 255. 0，默认网关为 192. 168. 10. 1，在/var/www/html 目录下，存放一个主页文件 index. html，供客户访问；另外再建立两个虚拟目录 xxgl1 和 xxgl2，其主页文件分

别位于"/var/www/xxgl1"和"/var/www/xxgl2",测试的客户端为 CentOS 主机,IP 地址为 192.168.10.20。

📝 学习目标

- 了解 Apache 服务器的工作原理
- 掌握 Apache 服务器的安装及配置
- 掌握 Apache 服务器的启动及测试
- 掌握 Apache 服务器配置虚拟目录

10.4.1 认识 Apache 服务器

Apache HTTP Server(简称 Apache 服务器)是 Apache 软件基金会的一个开放源码的网站服务器,可以在大多数计算机操作系统中运行,由于其多平台和安全性被广泛使用,是最流行的 Web 服务器端软件之一。Apache HTTP Server 是一个模块化的服务器,源于 NCSAhttpd 服务器,Apache 取自"a patchy server"的读音,意思是充满补丁的服务器,不过后来被改作 httpd 了,所以,现在大家常说的 Apache,通常指的就是httpd。因为它是自由软件,所以不断有人来为它开发新的功能、新的特性、修改原来的缺陷。Apache 的特点是简单、速度快、性能稳定,并可做代理服务器来使用。

Apache 服务器也是以客户机(浏览器)/服务器为架构。Apache 服务器和 Apache浏览器进行数据交换,一般通过以下三个步骤:

1. 建立会话

Apache 浏览器利用 TCP/IP 通信协议,通过端口 80(默认值)来与 Apache 服务器建立会话。

2. Apache 浏览器发出请求

建立会话后,Apache 浏览器会传送标准的 HTTP 请求到 Apache 服务器以得到所需的文件,通常使用 HTTP 的 Get 方法,它包含几个 HTTP 报头,来记录数据传递的方法、浏览器类型等信息。

3. Apache 服务器响应请求

Apache 浏览器请求的文件若在服务器中,服务器则会直接响应客户端的请求,并将请求的文件传送到 Apache 浏览器;若不在服务器中(即服务器无法取得客户端请求的文件),服务器会给 Apache 浏览器一个出错的信息。

10.4.2 Apache 服务器的安装与配置

首先建立网站首页,地址为/var/www/html/index.html。建立网站首页时可通过 vi编辑器进行编辑,如图 10 - 17 所示。

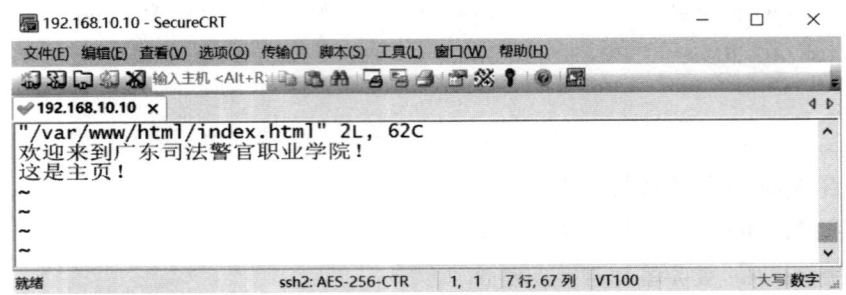

图 10 – 17   编辑主页文件

之后，执行"systemctl stop firewalld. server"关闭防火墙，执行"systemctl start ht-tpd. service"启动 httpd 服务，如下图 10 – 18 所示。

图 10 – 18   启动 httpd 服务

在测试的客户端的浏览器输入 htttp://192. 168. 10. 10，就能访问到主页 index. html，如下图 10 – 19 所示。

图 10 – 19   httpd 客户端测试结果

10. 4. 3   Apache 服务器建立虚拟目录

每个 Internet 服务可以从多个目录中发布。通过以通用命名约定（UNC）名、用户名及用于访问权限的密码指定目录，可将每个目录定位在本地驱动器或网络上。虚拟服务器可拥有一个宿主目录和任意数量的其他发布目录。其他发布目录称为虚拟目录。指定客户 URL 地址，服务将整个发布目录集提交给客户作为一个目录树。宿主目录是"虚拟"目录树的根。

　　虚拟目录不出现于目录列表中（也称为"http：//www."服务的"目录浏览"）。要访问虚拟目录，用户必须知道虚拟目录的别名，并在浏览器中键入 URL，对于 http：//www. 服务，还可在 HTML 页面中创建链接。

　　对于 Apache 服务器的虚拟目录，config 文件中 Directoryroot 后面的是 Apache 在解析页面时候的根目录，如果在本机上同时存在两个工作目录，不用虚拟目录的话，就需要不断修改 Directory root 的路径，然后重启 Apache，相当麻烦，解决这个问题的办法之一就是设置虚拟目录，具体做法如下：

　　Apache 的服务配置文件为"/etc/httpd/conf/httpd. conf"中，在其中增加以下代码：

Alias/虚拟目录名/ "盘符：/路径/"

＜Directory "盘符：/路径/" ＞

　　　　Options Indexes FollowSymLinks

　　　　AllowOverride None

　　　　Require all granted

＜/Directory＞

　　这里增加两个虚拟目录，xxgl1 和 xxgl2，位置分别为"/var/www/xxgl1"和"/var/www/xxgl2"。

　　如图 10－20 所示。

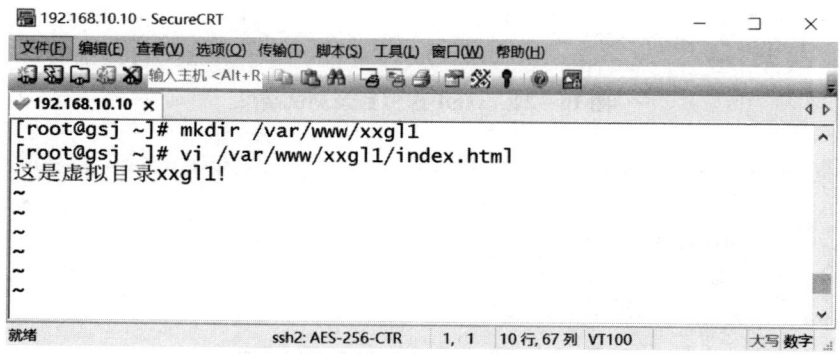

图 10－20　增加虚拟目录

　　执行"vi/etc/httpd/conf/httpd. conf"进行编辑，如下图 10－21 所示。

　　执行"systemctl restart httpd. service"重新启动 httpd 服务，在测试的客户端的浏览器输入"htttp：//192. 168. 10. 10/xxgl1"或"htttp：//192. 168. 10. 10/xxgl2"就能访问到虚拟目录 xxgl1 和 xxgl2 的主页"index. html"，如图 10－22 和图 10－23 所示。

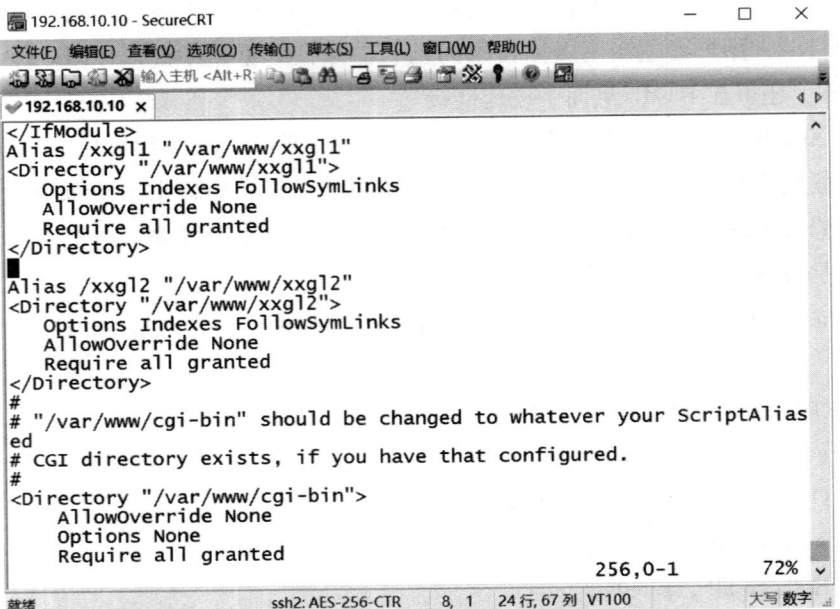

图 10 – 21　编辑 httpd. conf

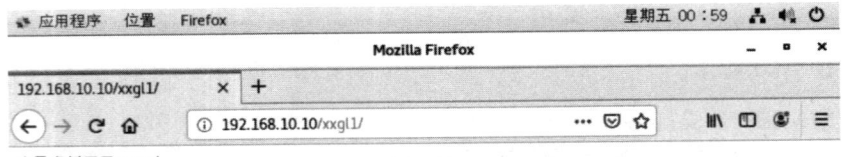

图 10 – 22　xxgl1 虚拟目录测试结果

图 10 – 23　xxgl2 虚拟目录测试结果

参考文献

［1］赵敬编著：《操作系统》，中国铁道出版社 2012 年版。

［2］汤小丹等编著：《计算机操作系统》，西安电子科技大学出版社 2007 年版。

［3］张尧学等编著：《计算机操作系统教程》，清华大学出版社 2013 年版。

［4］王趾成、任晓鹏主编：《操作系统》，中国铁道出版社 2008 年版。

［5］刘振鹏等编著：《操作系统》，中国铁道出版社 2010 年版。

［6］王路群主编：《操作系统》，电子工业出版社 2013 年版。

［7］何樱、连卫民主编：《操作系统教程》，中国水利水电出版社 2014 年版。

［8］温静主编：《计算机操作系统原理》，武汉大学出版社 2014 年版。

［9］李俭主编：《操作系统原理与实训教程》，中国铁道出版社 2014 年版。

［10］滕艳平主编：《操作系统原理与实践教程》，清华大学出版社 2015 年版。

［11］邵晶波、刘晓晓主编：《操作系统》，清华大学出版社 2017 年版。

［12］孟庆昌等编著：《操作系统》，电子工业出版社 2017 年版。

［13］刘嘉勇主编：《应用密码学》，清华大学出版社 2014 年版。

［14］杨波编著：《现代密码学》，清华大学出版社 2017 年版。

［15］戚文静主编：《网络安全与管理》，中国水利水电出版社 2008 年版。